マキャベリアンのサル

Macachiavellian
Intelligence
Dario Maestripieri

ダリオ・マエストリピエリ
木村光伸 訳

青灯社

MACACHIAVELLIAN INTELLIGENCE:
How Rhesus Macaques and Humans Conquered the World by
Dario Maestripieri

Japanese translation licensed by
The University of Chicago Press, Chicago, Illinois, U.S.A. through
The English Agency (Japan)Ltd.

マキャベリアンのサル

装丁　木村　凛

目次

I　われわれの成功の秘密

もっとも成功した霊長類

米国国勢調査局は、2050年までに世界の総人口が1950年に比べて4倍になるだろうと推計している。人類は、極北のイヌイットからアフリカ、カラハリ砂漠のブッシュマンにいたる、およそ地球上のあらゆる場所、すべての種類の生活域で見出される。現生人類ホモ・サピエンスは、われわれの星に現在生息するおよそ300種もの霊長類の中でもっとも成功した存在であり、大きな脳と聡明さがわれわれの成功の促進を助けたことは明らかである。

個体数の大きさと地理的分布という同様の基準から見て、地球上でもっとも成功した他の霊長類はアカゲザルと呼ばれるサルである。だが、アカゲザルはもっとも利口なサルというわけではない。大型の類人猿のような他の霊長類はアカゲザルに比べて大きな脳を持ち、ずっと利口であるにもかかわらず、すべて絶滅の瀬戸際にある。利口であるということは、世界の片すみでの成功を保証するものではない。そこには異なった種類の知的能力があり、それを使うための異なった方法があるのだ。

本書はアカゲザルが人間とどんな共通点を持つのかについて書かれている。本書中には人間に関するよりずっとたくさんの、サルたちについての事実があるけれども、実際にはサルたちよりも人間について書かれた本なのである。アカゲザルたちがなぜ彼らのようであるのかというのは興味深い質問であるが、人類がしばしばアカゲザルのように振舞うという事実はそれ以上に興味深い。すでに自分を映す鏡の中にサルを見ている読者たちは、このサルが考えたよりもずっとアカゲザルのように見えることを発見するだろうが、それを見ることは好まないだろう。鏡の中に自分自身だけを見ることに慣れている人々は、もっと見たくないだろう。さらに、鏡の中にまったく何も見ない人たちにとっては、わくわくするスタート地点に立つことになるかもしれない。

バディのできごと

未成熟なオスのアカゲザルが研究者グループによって捕獲され、テストのために暗いコンクリートの建物の中に連れてこられた。彼は檻の床の上で快適な時間を過ごすために、沈静と睡眠の時間を与えられた。やがて、このサルは眼を覚まし、立ち上がり、眠そうにその場に座る。さらに時間がたって、機敏になると、檻の中を歩き回り、そこから逃げ出そうと不安げに見回す。ドアが開かれると、サルは一目散に残りの仲間がいる放飼場へと逃げ帰る。たくさんのサルの目が、ほんのちょっとの間、新入りに注がれ、そして何事もなく他を向く。警戒される理由は何もない。彼はバディなのだ。今日、移動し、そして戻ってきたのだ。年長のメスザルがそれまでしていた毛づくろいに戻り、群れで最上位のオスザル（霊長類学ではアルファ・オスと呼びならわされる）は再びうたた寝を始め、子どもたちはジャングルジムで遊びの続きをする。バディのお気に入りの遊び仲間が歩み寄り、彼を巻き込みたがっているように見える。バディを押し、追いかけさせようとするように走り去る。でも、バディは追いかけてこない。彼はバディのわき腹に飛びかかり、ゆっくりと元の場所に歩いて戻っていく。なんだかおかしい。たくさんの目が再びバディに注がれる。大きくてたくましい若者のオスの乱暴者が、バディに近づき、にらみつける。バディは当惑した表情で少しの間、彼を注視してから、顔をそらせた。乱暴者はバディの腕に噛みつく。バディは痛みで悲鳴をあげて逃げ去る。しかし、ゆっくり、ゆっくりと。乱暴者はすばやく彼を捕まえて、今度は耳にまた噛みつく。さらなる悲鳴が。他の2頭の子どもたち――そのうちの1頭はバディの遊び仲間――とおとなのメスザルが興奮した様子でバディのほうへ駆け寄っていく。バディは逃げようとして、捕まり、再び地面に伏せ、彼らは寄ってたかって噛みつき、金切り声をあげる。バディの腕や顔を引っつかみ、その指や尾に噛みつく。

すべて一瞬の出来事だ。しかし、研究者たちは見ていた。バディがぶざまにやられるのを見た瞬間に、彼らは出来るだけすばやくバディを救出しなければならないことを理解した。研究者たちがバディを捕まえると、彼は自分で個別ケージに入る。ひどく怖がってはいるが、怪我はしてない。2時間後に彼はグループに戻る。遊び仲間や他の子どもたちが気づき、彼を引っつかむ。彼は子どもたちをつかみ返し、3頭で取っ組みあう。それから追いかけられるが、今度はすばやく逃げて、捕まらない。走ったので、不注意にも1頭の赤ん坊にぶつかって、その子を倒してしまう。すぐにその赤ん坊の母親がやってきて、抱き上げ、にらみつけると大きく開けた口で、バディを威嚇する。バディは赤ん坊の母親に自分の歯を見せ、尻尾を上げて彼の後方にいる他のサルに性器を見せる。何も起こらない。母親はぐるりと向きを変えて歩き去る。バディは餌の山に歩み寄り、林檎をひとつとって食べ始める。いまや誰も彼に注意を払わない。

バディは毎日、放飼場で他のサルたちと過ごしている。彼らはみんな同じ餌を食べ、一つ屋根の下で眠る。バディの家族は群れの中での社会的地位が低いが、彼らよりも社会的階層の低い複数の家族も存在する。バディは他の家族の子どもたちと多くの時間を過ごすが、年長のオス・メスともつるんでいるようでもある。彼らはバディが生まれたときにはすでにそこにいた。赤ん坊だったころ、彼らはバディを抱き、かわいがった。バディの日々の成長と日々の生活を見てきた。だが、その日、研究者たちがバディをグループの外へ連れ出さなかったら、彼は殺されていただろう。母親とおばたちは彼を守ろうとするだろうが、おそらく効果はなかっただろう。

バディが最初にグループに戻されたとき、麻酔から十分には覚めていなかった。他の所作は、すぐになにか不具合が彼にあることを告げていた。いつものようにすばやく走らなかった。彼は服従の信号をともなった脅しに反応しなかった。保護を求めて母親のところへ走り戻らなかった。彼は弱く、攻撃されやすかった。他のサルたちの行動は好意から不寛容へと、遊びから攻撃へと、すばやくそして劇的に変化した。バディの攻撃されやすさは、他の者たちにとって古い序列を清算させて、自分の優劣順位における位置を改善する、あるいは未来の良きライバルを消去するチャンスとなった。アカゲザルの社会では、1頭のサルが社会的地位を維持し他のサルから許容され、つまりは生存していくためには、彼が如何に速く走り、正しい信号を、正しい相手に、正しいときに、効果的に使うかに係っているのである。アカゲザルはある朝に目覚め、少し眠気を感じ、そしてもっとも良き友だちに殺されるという危険に直面している自分を見出すのである。

マカク的知性における権謀術数

すべての人々が弾丸を込めたライフル銃を持って歩き回るような社会を想像してみよう。この社会の市民は――他の社会の人々より少し余分に――絶えず背中に注意し、かれらの仲間が武器を発射するようなあらゆる状況を避けなければならない。アカゲザル社会は強固な階層的構造をなしており、上位の個体はより下位の個体に対してその力を行使する。真に利他的な行動はごく近い関係者に対してのみ見られる。他のすべての者たちとの社会的関係は、相手がこっちの背中を毛づくろいすると、こっちは相手を毛づくろいするだろうというような市場原理によって支配される。もし誰かに親切にするときには、あなたは、たいていなにか、セックスあるいは援助のような見返りを期待する。社会的なご都合主義とごまかしはゲームに常のことである。けれども家族の構成員の間のつながりは強固であり、グループは結束しており、誰であれ、敵にたいして進んで闘うのである。

ニッコロ・マキャベリは、彼の保護者でありフィレンツェの支配者であるロレンツォ・メディチII世に政治的駆け引きの技法を教えるために、1513年に有名な著書『君主論』を著した。そこでは政治的力を如何に追い求め、維持するか、またその過程において誰かを、またどんなことでも如何に利用するかを説明している。マキャベリ以後、社会的なご都合主義はマキャベリ的知性と呼ばれるようになった。アカゲザルはすでに何千年もの間、その生活においてマキャベリの助言を使用してきているというわけだ。

もしマキャベリ的知性が、人間とアカゲザルに共通のものだとしたら、それは彼らの成功の理由のひとつでありえるだろうか？　なぜいくつかの種や社会が他のものよりも生存競争においてより成功しているかを、マキャベリ的知性が説明することは可能であろうか？　アカゲザル社会は軍隊のように組織的で機能的である。軍隊は人々が他の人々やその国土、財産を征服するために行使する典型的な組織である。世界の、また人類史のいたるところで、軍隊は同様の階級構造を持ち、同様の行動原理に従っているという傾向がある。それはいかにも偶然の一致なのか？

おそらく人間とアカゲザルのマキャベリ主義（権謀術数）は彼らの成功とは何も関係ない。かつてチャールズ・ダーウィンは「ヒヒを理解する人はジョン・ロック[2]よりも形而上学の近くにいる」と書いた。ヒヒからなにものかを遠ざけるのではなくて、アカゲザルがなぜそのように振舞うのかを理解することは、人間の本性、形而上学、そしておそらくは未来についての何かをわれわれに教えてくれる。人類がわれわれの文明を破滅させる世界核戦争を開始する時には、どんな大型類人猿も、サルの惑星となるために地球に残ることはない。しかし、方々に多数のアカゲザルがいるというチャンスはあるだろう。

Ⅱ　雑草のようにしたたかなマカクザル

普通のサル

もし人々がサルについて考えるようにと問われたら、おそらく、若いチンパンジーあるいは動物園かテレビの中で見たサルや類人猿の全体を合成したようなものとして、彼らの心の中にひとつのイメージを組み立てるだろう。この普通に想像しうる仮想のサルはおそらくはアカゲザルに大変よく似ているだろう。アカゲザルは、どこにもたくさんいそうな平均的な外見や、チンパンジーがシロアリ食のために道具を使う(1)ようなうわべだけの行動特性の欠如などのために、けっしてトップニュースにはならないし、たいてい自然ドキュメンタリー製作者の注意を引きつけることもない。アカゲザルの得意分野は権謀術数(2)に長けた知性であるが、それは自然映像ディレクターとして有名なデービッド・アッテンボロー卿以後のテレビ・スクリーンの背景に示すことが困難である。道路をずっと歩いていくアカゲザルを見た人はおそらくそれがどんなたぐいの霊長類か知らないだろうし、われわれみんながサルについて持っているような固定観念を得た誰もがサルにバナナを差し出すような気になるだろう。それは大きな誤りなのだ。なぜならアカゲザルは進んでごちそうを受け取ってから、その人の背中に飛びつき、さらに攻撃的に要求をするのである。

アカゲザルは中ぐらいの大きさのサルである。大人は体長がおよそ50センチメートルくらいで、体重は5ないし8キログラムである。オスはメスに比べて5から10センチくらい大きくて、体重も2ないし3キログラムくらい重い。彼らの体躯は褐色の毛に覆われていて、顔と臀部はピンクか赤い色をしていて毛が生えていない。他のサルと同様に、しかし大型類人猿とは違って、アカゲザルは尻尾を持っている。彼らはそれを降伏の信号の白旗のようにしばしば掲げるが、その尻尾は頻繁に他のアカゲザルによって先端を噛み切られてしまっている。アカゲザルは20年から30年くらい生きる。メスは3から4年で性成熟に達し、その後は毎年あるいは隔年に1頭の赤ん坊を出産する。オスはメスに比べて1年遅れで性成熟に達して、その後に父親となるが、それはしばしば、彼の技量や運不運に左右される。

アカゲザルはどこから来たのか

アカゲザルは19種——あるいは18種とか20種という分類をするものもいる——に分類されるマカク属のサルの一種である(3)。かれらの学名の最初の部分はマカク属すべての種で同一で、ラテン語のマカカ *Macaca* すなわちかれらの属する種類としての名前である。かれらの後の名は種ごとに異なっていて、アカゲザルにたいしては *mulatta* という暗いとか黒いを意味するラテン語が当てられている。それでアカゲザルの学術上使用される学名はマカカ・ムラッタ *Macaca mulatta* となる。

２００６年8月までアメリカ合衆国の大半の人々はおそらく「マカカ」という言葉をそれまでには聞いたことがなかっただろう。８月11日に合衆国共和党の上院議員ジョージ・アレンが、その時バージニア州で再選のためにキャンペーン中であったのだが、アレンの対立候補の民主党運動員でインド系住民の若いキャンペーン・スタッフへの発言としてこの単語を使ったのだ。アレンのその日の発言を聞いた誰もが、上院議員が誰かに対して言った「マカカ」が何を意味するのかを知らなかったが、大慌てでインターネットで調べた結果、レポーターたちは「マカカ」というのがサルの一種であって、この言葉は世界の一部の地域では黒い肌をした人々に対する人種的中傷として用いられているということを発見した。上院議員への激怒はすぐに結果をもたらした。アレンはバージニア州上院議員選挙で敗北し、「マカカ」は世界中の言語使用法を調べている非営利団体であるグローバル・ランゲージ・モニター(4)によって２００６年のもっとも政治的に不穏当な言葉として選ばれた。もし政治家たちがアカゲザルのもつ権謀術数に長けたマキャベリ的知性についてもっとよく知っていたら、彼らはいつも賞賛の意味合いとして、お互いを「マカカ」と呼び合っていたに違いないのに。

現実のマカク類はアジア・アフリカだけに生息する旧世界ザルと呼ばれる霊長類の一群であり、中南米に生息している新世界ザルという別のグループとは区別される。かつてヨーロッパや北アメリカを広範囲にさまよった霊長類は人類を除いてすべて絶滅した。人類はオーストラリアに到達した唯一の霊長類でもある。旧世界ザルも新世界ザルも、キツネザルやガラゴなどを含む原始的な霊長類である原猿類からも類人猿からも区別される。類人猿というのは、テナガザル類やシャーマン（フクロテナガザルと通称される）たちのような2タイプの小型の種類とチンパンジー、ボノボ、ゴリラ、そしてオランウータンといった4種の大型種を指している。チンパンジーとボノボは人類にもっとも密接に関係する霊長類である。彼らは遺伝子組成のほぼ98パーセントを人類と共有しており、彼らの祖先は、進化的に見ればほんの昨日のような時間でしかない500―600万年前に、われわれの祖先と袂を分かったと考えられている。チンパンジーはまた、かつてある婦人が、広く配信されている新聞コラム「マリリン教えて！」（現在ではウェブサイトで見ることが出来る）に「私の夫は遺伝学的に見て私よりもオスのチンパンジーにずっと似ているって言うのは本当ですか？」という手紙を送ったほど、人々に近縁である。マリリンの答えはこうだ。「多分ね。でも気持ち悪がらないで。みんなそんなやつらと付き合っているのよ。」(5) 旧世界ザルでも遺伝子組成の95パーセントは人類と共通であり、彼らの祖先はおよそ2500万年前に人類と類人猿の共通祖先と分岐したと考えられる。したがってアカゲザルは遺伝学的には人類と近縁であるが、チンパンジーほど近いわけではない。

マカク属の進化史は、生物学者が適応放散と呼ぶところの、生物が新たな環境へ移住し、地域条件に適応し、異なった種へと多様化する過程の典型的な事例である。マカク属はわれわれの祖先が他の類人猿から分化したのとほぼ同時期にアフリカのヒヒ類によく似たサルから起源した。

マカク属の祖先は北アフリカからヨーロッパへ、ふたつの大陸がまだ陸橋で十分にくっついていたころに移住した。マカク属はさらにヨーロッパから東方へと移動してアジア大陸に至った。アフリカに残存した彼らは徐々に個体数と地理的分布を減少させた。彼らの子孫は今では唯一アフリカ大陸に見出されるバーバリ・エイプとして知られているが、彼らはアルジェリアとモロッコの一部に生息しているに過ぎない。アジアに拡散して中国や日本にまで到達し、大陸の南部全体に進出したマカク属は、ヨーロッパでは気候の変動あるいはネアンデルタール人や他の人類もしくは他の霊長類との競争によって徐々に絶滅していった。したがって現在では、バーバリ・エイプを除けば、野生のマカク属のサルたちはすべてアジアに生息している[6]。

ヨーロッパからアジアへの放散によって、マカク属のサルたちは多くの種に分化した。分類学者たちはマカク属の中に4つの異なったグループを認めている[7]。それぞれのグループ内の種は、他のグループ内の種よりも、お互いに遺伝学的にも形態学的にもよく似かよっている。アカゲザルと、彼らに近縁なニホンザル、タイワンザルおよびカニクイザルはアジアに展開し、定住したマカク属で最初のグループである。とりわけアカゲザルはこの移住過程においてもっとも成功したものたちだ。今日では野生のアカゲザルは、アフガニスタン、インド、タイ、中国、パキスタン、ブータン、ミャンマー、ネパール、バングラディッシュ、ラオス、ベトナムといった具合に、アジア大陸のいたるところで見出すことが出来る。彼らはまた、熱帯林、乾燥地域や半砂漠地帯、川辺林、果ては4000メートルを越えるような山岳地を含む、ほとんどどんな生息環境でも生きている。アカゲザルは、他のマカク属のサルがこれまで進出したことがないような新たな生息地へ進出しただけでなく、他のサルたちを彼ら本来の森林生息地から追い出すことにも成功している。生涯をかけてアカゲザルの研究に取り組む生物学者のチャールズ・サウスウィックによれば、アカゲザルは、それゆえに今やアジアで、そして世界的に見ても広い分布域を持つ、人間から見れば二番目に頂点に立つ霊長類となっている(8)。今日ではヨーロッパや北米、中米に人間が導入して飼育しているアカゲザルたちが存在する。ヨーロッパ人やアメリカ人は地球上の霊長類のほとんどすべての種を彼らの土地へ連れてきて、庭先で飼育しようとしているが、大半の霊長類にとっては新しい生息地はまったく適地ではない。にもかかわらず、アカゲザルは新天地で本当にうまく適応するのだ。

したたかなマカク属のサルたち

アカゲザル成功の鍵は、人間に連れてこられた環境の変化に適応する能力、あるいは彼ら自身が人間に対して適応する能力にある。他の限られたマカク属の種も同様であるけれども、アカゲザルほどにはうまくいかない。数年前、ある霊長類学者たちが人間の存在にうまく慣れたそれらの種を「雑草のようにしたたかなマカクザルたち」(9)と呼ぶように提案した。雑草はかれらが進化してきたところではない場所、とくに人間の存在によって著しく改変させられた地域で、拡散し、生育する植物たちである。雑草の特徴は、速い成長、頻繁で確実な生殖、遠近どこへでも拡散できる能力、多様な生息地への生態的適応能力などにある。雑草は競争力があって、ねばりづ

図1．カヨ・サンチャゴの大人のメスのアカゲザル（撮影：ダリオ・マエストリピエリ）

図2．カヨ・サンチャゴのアカゲザル（撮影：ダリオ・マエストリピエリ）

よく、根絶することが困難である。アカゲザルは雑草が持つのと同じ特徴を共有し、ちょうどラットのような厄介者の行動的特質――たとえば、雑食性、好奇心と探索する傾向、ハイスピードで地上を動き回る能力、群居性や攻撃的な気質といったもの――をも併せ持っている。霊長類や他の動物の多くの種は、彼らの環境のわずかな変化にもとても敏感であり、その個体数は人間の存在や活動にすばやく反応して減少してしまう。最近わずか数千年間にアジアで生じた広大な都市化をともなう農業や家畜飼育の拡大は、多くの動物種を絶滅のがけっぷちに追いやってきた。対照的にしたたかなマカクザルたちはすばやくこれらの新たな生息地に適応し、今ではそこでうまくやっているのだ。研究者たちは、北インドではアカゲザルの地域個体群のおよそ半数が村、町、寺院、さらには鉄道駅舎で生活していると推測している。かれらは一日の大半を道端にたむろして地域の人々と密接に接触している。アカゲザルは人々の優位に立ち、農作物を強奪し、生ゴミを喰らい、人々の台所からじかに食料を盗み取ることを学習している。寺院に住みついたサルたちはどういうわけか、地域住民が彼らを崇拝し、彼らのためにパン、バナナ、アイスクリーム、ケーキ、缶入りコカコーラなどを含むありとあらゆる食物をもってくるようにさせる方法を理解している。(10)

アカゲザルは典型的な雑草的マカクザルである。このサルはほとんどどんなところでも生き残り、繁殖することが出来る。彼らは、人々がやってきて、他のどんな野生動物でも動転させるようなあらゆることをしても、気にもかけないだろう。アカゲザルの適応力と機知に長けた性向は、あたかもアメリカ大陸を発見したクリストファー・コロンブスがそうであったように、彼らがアジア大陸を離れたときに彼らを助けるものであった。

カリブ海の霊長類

１９３０年代半ばに、パナマやアジア地域に生息する野生霊長類の研究をしたアメリカ人生物学者クラレンス・レイ・カーペンターは、アジア産の霊長類をカリブ海のひとつの島に連れてくるというアイディアをもった。その島で彼らの行動を長期にわたって観察することが可能となり、さらには彼らを繁殖させて生物医学研究に利用できると考えたのだ。プエルト・リコの南東海岸からたった1キロメートルしか離れていない15・2ヘクタールのカヨ・サンチャゴ島がこの目的には最適であるように思われた[11]。１９３８年にカーペンターはインドの各州から５００頭のアカゲザルを、また他の東南アジア諸国で20ないし30頭のテナガザルを捕獲する計画をスタートさせた。サルたちはカルカッタで米国海軍所属の貨物船コアモ号に乗せられて、47日間をかけた１万４０００マイル（2万２４００キロメートル）の旅の後に、プエルト・リコに到着した。テナガザルたちはカヨ・サンチャゴ島での使い道がなかったので、ケージに入れられた後に、合衆国内のいくつかの動物園へ送られた。というのは、当時はまだテナガザルがオス—メスのペアで生活していることや、それぞれのペアが他のペアに対してカヨ・サンチャゴ全体よりも大きななわばりを防御していることなどは知られていなかったのである。カーペンターはアカゲザルがオスよりもメスのほうの数が多い大きな群れで暮らしているということに対する十分な知識をもってはいなかったが、プエルト・リコにはオスよりもずっとたくさんのメスを連れてくるように注意した。マントヒヒの群れにおける適切なオスとメスの数についての知識の欠落のせいで、数年前に、ロンドン動物園で大きな集団として同居させられたマントヒヒが激しい闘争とオス間の殺し合いを引き起こしていたからだ(12)。

しかしながら、カーペンターは、インドの異なった7州から捕獲された500頭ものサルたちが自律的に彼ら自身をえり分けて、その出自と関係するようないくつかの群れを形成できるということには十分には思い至らなかった。不幸なことにサルたちは別の計画をもっていて、それはお互いの殺戮を含んでいた。母親と一緒に捕獲されて運ばれてきたたくさんの赤ん坊が殺され、何頭ものオスザルが海に身を投げて溺れ死んだ。闘争と殺戮の最中にさえうまく交尾をしたものもいたようだ。というのは、6ヵ月後にはこの島で最初の赤ん坊が誕生したのである。その出生はカール・ハートマンというアカゲザルの生殖に関する専門家の予言の誤りを立証することとなった。かれはプエルト・リコではアカゲザルは繁殖しないといっていたのだ(13)。1940年から42年の間に、カヨ・サンチャゴ島では、このしたたかなサルたちはじつに200頭以上もの新たな赤ん坊を出産したのである。増大する個体数のために必要な餌が問題となった。プエルト・リコで生産される大量の果物と野菜では足らず、セントルイスから輸入された変色した食糧まで追加しなければならなかった。

第二次世界大戦中から1950年代半ばまで、カヨ・サンチャゴ島のアカゲザルの個体数については ほとんど関心が払われなかったので、その間に多くのサルたちが飢餓、共食いあるいは病気で死亡していたし、わずかながら勇敢なサルたちがプエルト・リコの海岸への1キロメートルの水泳をやり遂げていた。現在ではプエルト・リコのあちこちでアカゲザルが出没しており、一部はカヨ・サンチャゴ島から30マイル（約48キロメートル）離れたサンファンの郊外でも見つけられていて150万人の住民を不安に陥れているのである。1955年に、アメリカ合衆国の国立衛生研究所（NIH）がアカゲザルのこの入植地を支援しはじめて、それは今日まで続いている。毎年、一定数のアカゲザルがNIHやプエルト・リコ大学、および生物医学の研究に携わっている全米各地の研究機関へ送られているが、それは個体数増加を安定化することにも役立っている。一方で、全米の研究機関は同時にアジアから大量のマカクザルを輸入し続けてもいるのである。インドが1970年代に霊長類の輸出を禁止するまで、大量のアカゲザルがインドから輸入されていたが、現在では中国やネパールからアカゲザルの輸入は続いている。

生物医学用のサル

アカゲザルは生物医学研究でもっとも普通に利用されるサルである。合衆国内のすべての有力大学ではおそらく医学部の地下のどこかでアカゲザルたちがひっそりと飼育されている。アメリカ陸軍や米国航空宇宙局（NASA）でもアカゲザルは飼育されているし、サルたちが飛行機を操縦したり、ミサイルを発射させたりすることが出来るかどうかを見るために、何年もの間、彼らにコンピュータ・ビデオ・ゲームを操るような訓練をしている。アカゲザルがそんなに実験室で人気があるのは、大半の人々が彼らの自宅の居間に同じようなわずかの種類の植物を飾っているのと同じようなものだ。アカゲザルはほとんど管理の手間がかからず、あらゆる状態においていても成長し、繁殖する。北ヨーロッパであれカリブ海地域であれ、屋内でも屋外でもどこで飼育されていても、アカゲザルはいつ交尾をして赤ん坊を出産するかということを彼らに告げてくれる生物学的な体内時計を持っているのだ。野生状態のアカゲザルは、出産が年1回だとすれば、一般的には雨季のように食物が1年の中でもっとも豊富な時期に赤ん坊を産む。世界中の研究施設では、彼らが1年中毎日同じ餌を与えられている限り、ずっと繁殖期が続くようだ。プエルト・リコではアカゲザルたちは春から夏に交尾して、秋から冬に出産している。合衆国本土ではその季節はちょうど逆になり、秋から冬に交尾をして、春から夏にかけて赤ん坊が生まれるのである。アカゲザルの生物学的な体内時計は日長や気温に敏感であるが、彼らがどんなところで飼われているかに関わりなくその体躯や行動が維持されるのと同様に、環境変化に弾力的で、どこで飼育したとしても働き続けるのであろう。

研究施設のアカゲザルは一生涯毎日サル用飼料を食べるように調教されているが、それはちょうど飼い犬がドッグフードを見かけ上は喜んで食べているようなものである。たとえどんな飼料用ペレットであっても、アカゲザルたちは他のどんなものとも同じように見掛けや味わいを確かめて食べるのだが、すべてのペレットは念入りに確かめられ、ありとあらゆる角度から見つめられ、わけの分からない不可解な理由で半分は捨てられてしまうのである。彼らが特異的な摂食習慣を維持するということは、おそらくアカゲザルが健全さを保ち、飼育されている放飼場での退屈な生活を克服する助けとなっているのだろう。

動物園や研究施設に囲い込まれて、無気力になったり抑うつ的になる多くの野生動物と異なり、アカゲザルはつねに機敏で、活動的で機嫌がいいようにみえる。

けれども、あることが欠けるとアカゲザルはうまくいかなくなる。それは、他のアカゲザルと交じわることである。彼らはとても群居性に富んだ動物であって、一人っきりでは全然うまくやることができない。１９６０年代から70年代にかけてなされた多くの実験が、疑いの余地なく解き明かしていったのだが、そのひとつはアカゲザルが彼らの群れの仲間から隔離されて生活させられると全く異常な状態になるということである(14)。アカゲザルは他のサル――とくに彼らの家系の仲間――の近くにいて、群がり、互いに毛づくろいをすることができるように、餌や水をさえあきらめたのだった。彼らは隣にいる温かい体の感触や指で体毛のあちこちをくしけずり、つまみ上げる機会をこよなく好んでいる。私がかつて働いていたケンブリッジ大学動物行動学分科の近くで生活していた仔猫は、アカゲザルの檻のフェンスにもたれかかって、気ままにからだをもみほぐしたり、毛づくろいをしてもらったりして、時を過ごすことができることを理解していた。マカクザルたちはお互いに相手を毛づくろいする機会をねらって闘っているのである。

アカゲザルたちは大きな集団で生活することを許されているかぎり自分たち自身を組織し、あたかももともといたアジアの森林にいるかのように振舞うのである。彼らは自分らのまわりで何が起きているか気にしなくなり、代わりにお互い、マキャベリ的な権謀術数に満ちた社会遊戯に耽るのだ。私はヨーロッパや、北アメリカ、そしてカリブでアカゲザルの研究をしてきたのだが、彼らはどこでも権謀術数に長けた存在であった。

Ⅲ　身びいきと駆け引き

万人の身びいき主義

政治家、宗教家や軍事指導者、富裕層、さらには民衆の生活に影響を持つ人なら誰でも、家族の一員が出世し、金を稼ぎ、あるいは一般的に言って快適さと名声を得た生活を持つことを手助けするように、彼らの力を行使する。さらに利害関係がある場合には、たいていの人々はその血縁者を支援しようとする。わたしが育ったイタリアでは、成人するまでは個々人の公共の生活において身びいきは表面化しない。強力な両親は、学校で成績や学級のよしあしに、子どもたちを巻き込ませるようなことはしなかった。しかしながら、後に金銭や仕事上の競争が始まるやいなや、身びいきは最重要な要素となったのである。家族の血統というものが職業上の成功における断然そして最上の予言者であった。それまでは平行したトラックを走っていたはずの若い人々の生活は、突然に、彼らの両親の権力の大きさや、その欠如に揺さぶられることとなるのだった。

イタリアでは、大学生が学究生活で身を立てようと志したとしても、その成功のチャンスは、彼のために門戸を開くよう学術世界のシステムに対して両親が十分な影響力を持つかどうかで完全に決まってくる。政治家であるか、両親自身が学術界で十分に出世しているような両親を持つ学部学生は、両親が電話をとり上げて教授に電話し、彼らの子どもたちが教授の指導学生となるように依頼するだけで、有力な教授の監督下で研究者としての訓練を受ける機会を持つことが出来る。博士課程の学生として、私は他の学生や博士研究員（いわゆるポスドク）や上級研究員の大半が政治家か教授たちの息子や娘で占められている研究室で働いたことがある。わたしの指導者は、いかに学術的にすぐれていても、あるいは彼の研究室に空席があったとしても、有力な血縁者の要求のない学生を拒んだ。彼の電話がいつ鳴って、彼の拒むことが出来ない学生を採用するように求められてもいいように、彼はそうしなければならなかったのである。たまには、正当な血縁者のいない誰かが、こんな仕組みの欠陥を通り抜けるが、大体の場合、その人は出世しないか、ずっと出世が遅れるのである。

家族の誰かの支援を受けて学術界の成功を約束されて入口を通過した学生は、その後に、結局はその指導者によって受け入れられて、拡張されたファミリーの、かくも完全な次なるえこひいきシステムの一員となるのである。博士課程の学生を終えた後、同じ指導者のもとで博士研究員となり、忠誠がついに常勤職として報われるまで何年も何年も指導教官の影として残ったままだ。学生や博士研究員たちは可能な限り指導教官から離れずに時間を過ごす。というのは、彼らの将来の地位が指導者との個人的なつながりの強さに依存しているからだ。きっとこのような絆（足枷）は絶えず注意深く、育てられるに違いない。この古めかしい権力構造を利用して「バローニ（イタリア語でボスの意）」と呼ばれる強力な教授が研究者や新任教授を採用する委員会を構成し、職種が公示されたり、申請が審査されたりする前に、彼らが引き取っている一族郎党のひとりが職を得るように、お互いに交渉しあうのである。しかしながら、イタリアで学界の最高位あるいは他の職域や産業界のトップに立つためには、政治結社という三番目のえこひいきの制度に参加することが必要である。競争が激しいときには、これらのファミリーの一員は、テーブルについてゲームをするように厳しく要求される。

イタリア人は身びいきと馴れ合い的な構造の他の型でもよく知られている。それはたとえばマフィアのようなものだが、それらのどれもが実際に存在しているというわけではない。公の生活において明白であったり、巧妙であったりする身びいきのあり方は、人間社会のいたるところでさまざまなのであろうが、人々はそれぞれの社会において血縁びいきに偏っている。身びいきは人間の本性ではなくて動物の本性の一部なのだ。ある動物社会は他のものに比べて、より身びいき的な性質をもっていたり、いなかったりするけれども、非血縁的なえこひいきや血縁に反するようなえこひいきの傾向をもつような個体によって出来ている社会は存在しない。身びいきが存在する理由は血縁選択と呼ばれる現象なのである。遺伝子を共有する身内を助けることで、それぞれの個体は自分の遺伝子が次世代に受け継がれる可能性を増大させるのである。あらゆる動物の社会生活に見られるこの基本的な側面についての正確な説明が、ウィリアム・ハミルトンというイギリスの生物学者の発案のおかげで１９６０年代半ばに初めて理解された、それは注目に値することである。(1)

血縁関係に関する情報がないかぎり、動物社会や人間社会がどのように組織され、それぞれの個体がどうしてそのように振舞うのかということを理解することはほとんど不可能である。アカゲザル社会の基本的な構造は１９６０年代にようやく明らかにされたのだけれども、そのときのカヨ・サンチャゴの研究者たちはサルたちの個体間の母子関係をたどり始めたばかりであった。アカゲザルではメスは気まぐれに複数の異なったオスたちと交尾する。大人のオスたちはだれが自分の子どもであるかをまったく知らないし、いかなる父性的な世話をもしない。アカゲザルの群れでの父系関係は遺伝学的な検査でのみはっきりさせることが出来るのだけれども、この種の分析は霊長類の行動学的研究においては近年になってようやく可能になったばかりなのだ。しかしながら母系的な関係は出産とその後の母子間の観察によって確実に認めることが出来るのである。

カヨ・サンチャゴの母系的家系図が数世代におよぶ長期観察を整理されることで明確になってきたので、アカゲザルの社会行動もまた理解できるようになってきた。個体間の無原則な優しい振る舞いのように見えたものが、じつは身びいきのずうずうしい行為であるとひっくり返って理解されるようになった。われわれはいまや、サルたちがすわっていたり、誰かについて歩いていたりするように見えることを手がかりに、群れの中での血縁関係のひとコマを手に入れることが出来るわけで、そこから、少なくともメスの身内はいつも一緒にうろついているというようなことがわかる。アカゲザルの社会ではオスが身びいきを行使するのはメスがそうするよりも少ない。どうしてそうなのか。より一般的に言えば、身びいきがどのようにある社会の構造を決定するのかとか、あるいは社会構造によって身びいきがどのように形成されるのかということを知るために、両性の血縁者たちがどんなふうに空間的にまた時間的に分散しているのかということを知ることが必要である。どうすればそれを知ることが出来るだろう？　シグムンド・フロイトの登場だ。

近親婚と遺伝子拡散

フロイトは家族の成員間の性的交渉が人間行動についてうまく説明するということを確信した。彼は、人々とりわけ子どもたちが彼らの家族と、つまり男の子は母親と（エディプス・コンプレックス）、女の子は父親と（エレクトラ・コンプレックス）、そして男の子も女の子も彼らの性が違う兄弟姉妹たちと、性的交渉をするという自然な衝動を持つと強く信じていた(2)。

これらの自然な衝動をコントロールするために、人々は近親婚にたいする文化的な禁忌を強めていった、という話が出来上がるのである。子どもたちは近親間の性行為が悪いことだと教えられ、大人たちは近親婚に関係したら社会的に制裁されるという事実にもかかわらず、フロイトによれば、近親婚的な関係に対する願望は、わたしたちの社会生活のあらゆる状況においてひょいと現れるほどに、とっても強固なものである。

フロイトはすぐれた洞察力をもつ人であったが、不幸なことに、時代の先を行き過ぎていた。近親間の性行為が行動上重要な問題だというその洞察は正しかったが、彼はその事実をまったく間違ったことと受け止めた。この考えが本当に導く結論は、人間を含む多くの動物が家族の一員との性行為を避けるという自然な傾向をもつことであった。近親交配と呼ばれる血縁者との繁殖は単純に遺伝的な理由で悪いことである。人々はそれぞれの遺伝子を2セットずつ持っていて、ひとつは母親から受け継いだもの、もうひとつは父親に由来するものである。これらの遺伝子はさまざまな変異を持っていて、対立因子と呼ばれる。たとえば、眼の色に関する遺伝子には幾つもの対立因子が存在し、青い眼、茶色の眼、緑色の眼などを現出させる。ある対立因子は生存や繁殖において有害な効果を持っている。しかしながら、これらの有害な因子の大半は劣勢であり、良好な因子と一対である場合にはそれらの効果は出現しないのである。有害な対立遺伝子の効果が現われるのは、もうひとつの有害因子と一対となった場合に限られる。有害な劣勢因子は集団内においては一般的にはまれにしか存在していない。そこで、もし私たちが集団内で無作為に他個体と性的関係を持って子どもを生んだとして、その個体が受け継いだふたつの劣性遺伝子がどちらも同様の劣勢因子である可能性はきわめて低い。わたしたちの家族の成員はたくさんの種類の同じ対立因子を持っているので、家族の成員との間に子どもを持つことは、子どもが私たちの持っているかもしれない何か悪い劣勢因子をふたつ受け継ぐ可能性が劇的に増加する。それは血縁者と繁殖する個体を含む集団において、子どもの死亡、不妊、あるいはありとあらゆる遺伝的欠陥あるいは形態的奇形を多発させるのである。

人々は一般的には、小さな核家族で生まれたという理由で、または他の血縁家族に紹介されたり、あるいは姿がよく似ているという理由で、彼らの血縁者を知るのである。血縁者は彼らがしばしば同じ名前を共有しているという事実で判別されることもある。これらの選択肢のいくつかは動物には存在しないので、大半の動物は一緒に育った個体は血縁者であるとみなすような、親しさに基礎づけられた経験則で判別している。それゆえに彼ら同士と交尾することはない。近親交配の回避における親しさ効果とよく似たことは人間でも存在しており、子どものころにお互いに密接なふれあいをもった人たちの間では結婚はまれにしかないということを最初に知ったのはある社会学者だが、以後、彼の名前を付してウェスターマーク効果として知られている。ウェスターマーク効果は世界中の多くの人間社会において論証されていることである。[3]

近親者との繁殖はそういうことでよくないので、家族の一員だろうとわかっている、あるいはおそらくそうだと思われる個体に性的な意味で魅かれないけれども、それだけでは決して十分ではない。失敗はなお起こりうるし、それらの代償はとても高いものにつくのである。だから多くの動物では、メスが交配可能になるまでにオスが集団を離脱するといった具合に、近親交配を避けることが出来るようにあらかじめ方向づけられているのである。この現象は分散と呼ばれている。しかしながら、誰がもとの集団を離れ、どこをさまよっているのかという経過を追うことはとても困難なことである。だから、多くの動物種における分散は、たとえば一方の性の個体が彼らの出自群から転出する場合にはもう一方の性の個体は群れに止まるといったような、単純な原則によって規制されている。生まれた場所に止まるという傾向は出生地愛傾向（フィロパトリー）と呼ばれていて、その語源は古代ギリシャ語で「汝の母国を愛す」という意味からきている。分散や出生地愛傾向におけるオスとメスの明確な違いは哺乳動物においてはよく知られたことである。アカゲザルや他の大半の霊長類では若いオスが群れを出て、メスたちは母親とともに群れに止まる。アカゲザルのオスには生活上早期に発現する移住に対する生物学的な事前準備が存在する。彼らがその本能に従わない場合には、適切なときに群れを離脱するように、彼らの群れの他の成員から、強い催促を受けて、出自群から追い出されるのである。(4)

ある種ではオスが消失し、他の種ではメスがそうなり、少ないながらある種では両方が集団から転出するということについては、多くの、複合的な理由がある。(5)アカゲザルではオスが消失するのだが、それは彼らにとってはそのほうが、メスが消失するよりも経済的であるからだ。メスの拡散はおそらくリスクの高い取引なのだろう。メスが自分の生まれた群れを出て、長時間にわたって単独で過ごしたなら、とても捕食者に襲われやすいだろうし、他のアカゲザルに攻撃される危険もあるだろうし、彼女たちの子どもたちはおそらく殺され、食物を手に入れるのも、他の個体から食物を守ることも困難であろう。オスが群れから消失するときにも、同様の危険に直面するけれども、それはメスの場合ほどには多くない。加えて、メス同士で一緒にいて食物資源をわけあっている状態は、アカゲザルのメスにとってそれほど悪いことではないけれども、他方、オス同士がそういう状態でいることは難しいのである。自分自身の集団内での繁殖にかかる費用対効果と拡散することとの費用対効果の間のつり合いは、種によってさまざまであり、なぜ分散の仕方に種差があるのかを説明している。

身びいき、政治、そして同性間の結びつきの起源

近親交配の回避とどちらかの性に偏った分散はひとつの種の社会構造を理解する上での重要な要素である。アカゲザルにおけるオスの分散の結果として、群れは母系という世代を重ねたメス同士のいくつかの集団によって構成されている。それぞれの母系集団には複数の大人のメスたちとそれぞれの母親、祖母、姉妹、いとこ、娘、孫娘、その他のメスの血縁者が存在する。群れの中に見出される唯一のオスたちは、他の群れから、だいたいは単独で群れから群れへと転入してきたオスたちである。それゆえ、アカゲザルの群れでは普通のメスは血縁者に取り囲まれており、オスたちにはだれもいない。性選択の結果として、メスたちは血縁者間で強力な社会的な絆を形成して互いに助けあうのに対して、オスはといえば自分自身と彼らがつくることの出来たわずかな仲間たちだけしかいないのである。母系的な関係とメス間の強力な絆はアカゲザル社会をともに維持するための接着剤である。そういうわけでアカゲザルや同様の社会構造を持った他の霊長類を母系種（メス結合種）というのである[6]。

個体がその家系の利益になるように振る舞うとき、彼らはその遺伝子の複製が血縁者の子どもを経由して次の世代に受け渡される可能性を増加させる。それは関係者に対して利他的に振る舞うことへの報酬であって、たいていの場合には、家族的な価値を証明するに十分な報酬である。しかしながら、個体が他の非血縁者を助けるときは、だいたいは見返りとなる何かを期待する。

アカゲザルのような権謀術数に長けた種ではただ飯にありつけることなどない。非血縁者間の社会的な交渉は他のサービスに対する交換として与えられる取引決済なのである。この取引決済は需要と供給の原理によって調整されている。そこで血縁者に対する利他主義はえこひいきと呼ばれるのに対して、非血縁者へのそれは要するに政治的手段なのである。だから、アカゲザル社会は全体としてえこひいきと政治的手段の組み合わせで成り立っていると確認されるわけである。えこひいきはメスの社会的諸関係に特有の特徴であるのに対して、オスはすべからく政治的であり得るのだ。

アカゲザルのようにメス間の結びつきが強くて、メスが優位な種では、わずかなオスだけが彼らがもたらすサービスのゆえに群れ内にいることを許容される。誰もが考えるのとは違って、性はその理由のひとつではない。アカゲザルのメスは1年のうちの6ヶ月、さらにその中でも1ヶ月に数日しか性に関心を持たないのである。彼女らが性的に高まったときには、他の群れから一時的にやってきたオスたちから彼女らの欲する性のすべてを得ることだってできる。アカゲザルのメスたちは群れにいるオスたちと性交渉を持つこともできるが、それは彼女たちのオスを切らさないようにするために支払わねばならない代償に過ぎないのである。それではメスはオスから何を得るのだろうか？　それはただひとつ、保護である。アカゲザルのオスはメスよりも大きくて強いので、メスと子どもたちを捕食者や群れ以外のアカゲザルたちから守ることができるのである。

これはオスの自尊心を大いにくすぐるが、メスたちは一頭のオスと繰り返し性交渉を持つこと

図 3. 母親（左）と娘（右）の間の毛づくろい：アカゲザル社会を一緒に維持するための接着剤（撮影：ステフェン・ロス）

図 4. たとえ腹の上に赤ん坊が乗っかっていても、毛づくろいをしてもらうとくつろげる（撮影：ダリオ・マエストリピエリ）

ができるということのために長期的な関係を樹立したり維持したりするのではない。そうではなくて、話はあべこべなのである。一頭のオスと長期的な関係を樹立し、維持するために、メスたちは同じオスと繰り返し性交渉を持つことを承諾しているのだ。メスたちは見ず知らずの相手との行き当たりばったりの性交渉で繁殖を成功させているし、それで幸せなのだ。メスたちはその気になればいつでもどんなオスの精子でも得ることができるので、ある一頭のオスと一緒にいるときには、だいたいは性行動よりも別の何かを求めている。つまりオスと一緒にいるということは、自分自身や子どもたちのための投資なのである。アカゲザルのオスは父親としての世話には従事しないので、彼らが提供できる対象は彼女らを保護することだけなのである。

オスの分散とメスの停留性は、霊長類が持つ大部分のサル類の間で見出される顕著な傾向である。大型類人猿は、しかしながら、この傾向とは異なっている。チンパンジーや、より小型のボノボはオスの絆によって支えられた社会を持ち、オスは集団にとどまるのに対してメスは群れを出て行ってしまう。ゴリラとオランウータンはオスもメスも集団を離れて分散する。複数の人類学者たちによれば、人類はチンパンジーやボノボのようにオスが集団にとどまり、メスが集団から離脱するように振る舞うのだという。例外はもちろんある。私は母国を去って、大西洋を越えて移動したけれども、私の妹は両親の家からほんの数ブロックのところに家族を落ち着かせている。ちょうど私自身のような人間に変装して私たちの社会で生きているわずかなアカゲザルのような存在は別として、人類学者たちは正しく指摘する。世界中のほとんどの人類社会は女性の分散と男性の停留性によって特徴づけられている。そしてわが人類の祖先たちはおそらくチンパンジーのようなものから始まったのだ。彼らは血縁者同士のオスの強い絆と、オス―メス間およびメス間の弱いつながりを持った集団で生活していた。だが、いくつかの点で、変化が起こった。人類社会では、他の集団の男性との同盟関係を含む男性間の絆の精緻化はもちろん、単婚的な性的関係にいたる男女間の絆の強化過程が存在したのである(7)。

人類社会に特有な性質のひとつは、男女双方ともに移住後も親族とのつながりを維持しようとすることである。言語を持つことで、物理的近接なしに他者との社会関係を維持する可能性において、人類は動物たちの中で無比の存在なのである。他の集団へ移動した親族との社会的つながりを持続することは、おそらく集団間の同盟構造の進化を促進しただろう。ある現代の人間社会においては、異なった集団の男たちの間の同盟は妻として女を意図的に交換することによって固められている(8)。オス間の同盟、とくに集団間の同盟の精緻化はおそらく人類の社会進化の決定的な特徴であっただろう。このような集団間の同盟の形態は、この現象が事実上存在しない他のすべての霊長類や普遍的には他のすべての動物から、今日では離れたところに私たちを位置づけている。疑いなく、アカゲザルと同様に、人間社会は未だに身びいきと政治的行動の組み合わせで成り立っているが、われわれがゲームを楽しむやり方は他の霊長類がそうするのとはいささか異なっているのである。

身内のための安易な寛容

アカゲザルは学校や大学を通して息子や娘を支援したりはしないけれども、他の方法で彼らの生活がより容易に過ごせるようにしようとするのである。アカゲザル社会においてはあらゆる利益はそれに付けられた値段表どおりだが、血縁によって値引きされることができる。典型的な事例は他の個体への社会的な寛容さと関係している。アカゲザルのメスは自分の家族の一員が近くにいること——歩いていたり、座っていたり、なにかを食べていたり、はたまた彼女らにくっついて眠っていたりしている——を許容するのだが、そのことに対して対価を支払わせたりはしない。血縁者に対する社会的な寛容さは身びいきのありふれた様態のように思えるのである。

アカゲザルは攻撃性に対する閾値が低い怒りっぽい生き物である。彼らと同類のマカク属のサルたちと一緒でなければ、アカゲザルは世界で繁栄を遂げられなかっただろうが、彼らはお互いに相手を攻撃し、傷つけることに対する抑制心をほとんど持ってはいないのである。誰もが武装し、危険であるような社会では、他個体の近くにいることは危険な行為となり得る。誰かの通り道に自分がいないということを確かめるために、他のすべての人の動きをチェックするだけでなく、どんなときにでも自分が行こうとするところを、注意して見ていなければならない。誰かの隣にただ座って昼食を摂っていることでさえ、攻撃性を暴発させるに十分な重大な罪になることだってあり得るのだ。一世紀も前にヒヒの研究をした南アフリカのジャーナリスト、ユージン・

マレはかつて「ヒヒの生活が実際には不安というたえまない悪夢なのだということを私たちがはっきりと理解したのは最近のことだ」と書いている。[9] さて、アカゲザルはヒヒよりももっと悪夢にさいなまれているようであるし、アメリカ映画の登場人物で夢の中から次々と人を襲う殺人鬼フレディ・クルーガーは、これらの悪夢の中で最悪なもののひとつで、おそらくアカゲザルやヒヒと同類のようなものだ。

人々は見かけ上は血縁でもなく親密でもない人たちによって取り囲まれた生活に適応している。加えて見ず知らずの人と身体的に近接することは危険なことだという観念――とりわけ逃避の機会が限られているような制限された空間ではなおさら――は、われわれの頭脳に十分に染み込まされていて、先制的な行動を無意識的にとるようにできている。見知らぬ人とエレベーターに乗っているときには人々は他人に相対せず、相互に眼と眼が合うことを避け、じっと立っていることに専心する。つまり、われわれは攻撃の引き金を引きそうな何物をも回避するのである。エレベーターの中で命取りになるような攻撃の犠牲者となるかも知れない可能性がほとんどゼロであるとしてさえも、そうなのだ。映画館の中で、ずっと遠くの席しか空いていないようなときでさえ、人々は見知らぬ人の隣のシートには座らないだろう。男性は公衆トイレの便器の前に立つ際にだってお互いに間を空けるのである。私たちはこれらの行動を個人的空間の防御の現われとして説明するが、本当は近接することが引き起こす攻撃の危険性から身を守ろうとするちょっとした方法に過ぎないのだ。私たちの生活は社会的不安がもたらす絶え間のない悪夢などではないだろうが、みんながフレディ・クルーガーの夢を持っているのである。他者の近くにいるという恐怖感は、おそらくはわれわれの祖先がアカゲザルの祖先と分かれたずっと以前のサル時代の脳内にあったものなのである。私はこの恐怖感がいつの日にかアカゲザルからも人間からも消失する日が来るなどとは思ってもみないのである。

権謀術数に長けた霊長類では社会生活は本来的に危険に満ちているが、いつも誰をも避け続けるというのは長期的な問題解決法としてはよろしくない。アカゲザルでも人間でも、怒りのすべてをぶつけようと誰かがあなたのドアを叩きにやってくるまえに、敵を回避することは十分に可能である。問題のよりよい解決策はだれかの庇護を受けることである。力強い個体に近接して座っていると、攻撃から身を守ることができる。というのは敵はまずい相手を攻撃する恐れから、武器を使用する前に、単独でいる時より2倍も考えるだろうから。低い順位の個体といるときでさえ、潜在的な攻撃者は最後の一瞬に攻撃相手を変えて、あなたの隣人に襲い掛かることもできるわけだから、あなたにとっては利益があるのだ。

アカゲザルの群れで最強の個体——しばしばアルファ・オスとかアルファ・メスと呼ばれる——に近接していることは、もっとも危険なことであるか、あるいはもっとも安全な場所にいるということのどちらかである。それは最強者の態度が好戦的であるか、穏やかであるかということに完全に依存している。明らかに彼らの寛容さに対して支払うべき対価が存在するが、多くの場合にそれは毛づくろいをするということである。アカゲザルのように、だれかの手をきれいにし、毛づくろいすることは、自身の毛づくろいをしてもらいつつボディ・マッサージを受けるのと同じくらい心地よい経験であるだろう。他のサルから毛づくろいをしてもらっているとき、アカゲザルは時には眠りこんでしまうくらいにくつろいでいる。優位な個体は時として周りの他のサルに寛大になるが、彼らはたくさん毛づくろいするように要求する。アルファ・オスの陰に隠れることができるように、他のサルたちはそこにただ座っていられずに彼に微笑むのである。そして、指が痛くなるまで毛づくろいを続けなければならないのである。だが、家系の一員なら、大目に見てもらえる。最優位のメスの血縁者は彼女の隣に座っても攻撃されることはない。メスの血縁者同士はたくさん毛づくろいをするけれど、それはよりくつろいだものであるし、非血縁同士の毛づくろいに比べてずっと事務的なものではない。

一緒にいることは非血縁者に高い代償を要求するので、アカゲザルが近くにいる非血縁者よりも、近くの家系の一員に対して多くの時間を費やすことは驚くにはあたらない。母親と子どもは他のどのようなペアよりも一緒にいることが多いが、他のメスの血縁――姉妹、いとこ、おばあるいは姪、祖母と孫娘――もまた一緒に大切なときを過ごすのである。大人のオスは主として単独で時間を過ごす。一人で座り、一人で採食し、一人っきりで移動する。かれらは時々若いオスと一緒にうろついているが、一緒に行動し、その関係を維持しようと努めているのはいつも若いオスのほうである。大半の事例で、大人オスが他の大人と一緒にいることの理由は明らかである。それは性にまつわることであるか、継続中の交渉ごとがある場合に限られる。毛づくろいは寛容さか援助のやりとりとしておこなわれているのである。大人のオス・メス間のいわゆる特異的な親交でさえも、おそらくはある種の取り引きの関係なのだろうが、霊長類学者たちはその行動の本性を理解しているとはいえない。群れの中に血縁者のいないオスや（たとえば、高齢であったり、低い順位であったり、もはや仲間や保護者として魅力的でないというような）社会的アピールの乏しいものたちは一般的にいって社会的に隔離されているのである。

血縁者間の社会的な寛容さは攻撃から完全に免れさせてくれるわけではない。人がそうであるように、アカゲザルだって家族に爆弾を落とすし、とりわけ社会的アピール度の低いものたちにはそうだ。実際、アカゲザルの群れ内で攻撃的交渉が最も高いのは、母親と娘の間、あるいは姉妹間においてである。この逆説的な現実に対する説明は、寛容さが相対的な尺度であって、攻撃の機会を考慮に入れているということである。寛容さは2個体間の攻撃的交渉の価格であって、彼らがどれくらい一緒に時を過ごすかによって分けられる。血縁者はお互いに激しく戦うが、一緒に長時間いることもあって、その大半の時間を争いもせずに過ごしているのである。それに対して非血縁者はあまり戦わないが、互いに近接すれば、機会のあるたびにしょっちゅういがみ合っている。加えて、血縁者の間での攻撃は非血縁者間のそれよりも深刻ではない。というわけで、アカゲザルでは非血縁者に対してよりも血縁者に対する戦いの後のほうが解決しやすそうである。しかしながらアカゲザルは争いのほんのわずかの場合にしか和解はしない[10]。大半の場合には恨みを残す。だから血縁者に対する寛容さも容赦さえもかれらなりの限界を持っているのである。

利他主義？

家系の一員に対しての低コストの寛容さは身びいきの表現として重要なものであるが、そのような寛容さは大きな努力やリスクを引き起こすようなものではない。アカゲザルではそれ以上のことができる。つまり真に利他的な行動をなす力があるのだ。利他的な行動はその行為をなすものにとって十分な犠牲あるいは危険をともない、受容者には利益をもたらすようなものである。アカゲザルは慈善のために寄付をしたりはしないが、毛づくろいや敵対的な支援を通して他者を助けるのである。毛づくろいはその受け手にとっては毛皮を清潔にするとともに気を落ち着かせるような効果を持っている。毛づくろいをする側は、時間と労力を不用心に使うので捕食者や他のサルたちからの危険に身をさらす。敵対的な支援は、2頭あるいはそれ以上の個体間の争いに干渉したり、敵対者から誰かを助けるような場面に巻き込まれる。助けを得るということは明らかに闘争における勝利を得る機会が増加することであるけれども、誰かを助けるということは自らが負傷したり、報復を受ける危険性をもたらすことでもある。

アカゲザルは血縁者に対して非血縁者以上にずっと多く毛づくろいをしたり、援助したりする。母親は何時間も何時間も彼女の子どもたちを毛づくろいするが、時にはその見返りとして毛づくろいしてもらうこともその他の恩恵にあずかることもない。それどころか母親は、子どもが誰と喧嘩しているのかとか、その子が攻撃の被害者なのか、あるいは戦いを仕掛けたのかなどの一切にお構いなしに、子どもを助けるためにためらうことなく争いの中に身を投じるのである。子どもが、より高順位の個体に襲われた時には、母親は攻撃者の注意を自分自身に向けさせるように大声で仕向け、その結果として彼女らの子どもが解放されるチャンスをつくりだす。いうまでもなく、母親たちは攻撃者の気をそらすという駆け引きのために高価な代償を支払うことになる。若い子どもは成熟するまでは母親から受けた攻撃的救済に対して同様の返礼をする必要がない。だから数年間にわたって母親は見返りなしに息子や娘たちにそのような態度をとり続ける。このような行為は、税控除額のお返しに義援金をチャリティに提供するよりはずっとはっきりと利他的である。アカゲザルはまさにカルカッタのマザー・テレサのように振舞ったりはしない。(11)マザー・テレサの利他主義は、彼女の長い生涯で信仰に導いた人々よりも、ずっとたくさんの子どもたちにあまねく注がれたのに対して、アカゲザルの母親の利他主義は身びいきを基礎としている。アカゲザルでは毛づくろいや争いごとへの援助は血縁者以外にも行われるけれども、母子間に比べればその頻度はずっと少ないし、それは直接的な見返りを産み出すような計算ずくの投資でしかない。毛づくろいや支援が非血縁者に対して提供されるときは、その「利他主義者」は、その投資によるすべての出費を計算し、そのやり取りから得る利益を期待しているのである。

血縁者、とりわけ母親を支援することは、メスの社会的な関係にとってきわめて重要なことであり、アカゲザル社会における要点のひとつである。家族の血統はアカゲザルのメスの生活上の成功の断然、最上の予言者であって、より力の強い家族が戦うことで彼女は勝利することができるのである。オスにとっては家族の血統は成熟して群れから転出するまでにかぎって重要であるに過ぎない。彼らが新しい群れに加わった時には家族の誰の助けも受けず、したがってオスの成功はひたすらその体力の強さ、個性、そして政治的駆け引きの技量に係っているのである。

毛づくろいや争いごとに対する支援は別にして、アカゲザルは血縁であれ非血縁であれ、他者を助けることがほとんどない。アカゲザルの母親は自分の子どもたちに食物を分け与えることはない。採食中に赤ん坊がその食物に強く興味を示しすぎるような際に、母親は赤ん坊の頭をぴしゃりと叩くことさえある。実際、母親にとって彼女の赤ん坊の口から食物を取り出して自分が食べるということは決して異常なことではない。赤ん坊が餓死することさえあるが、それは大したことではない。アカゲザルのすべての利他主義は彼らの頭脳にプログラムされている能力であって、食物を分け合うなどということは単純に、アカゲザルの内蔵するコンピューターが組み立てられ、市場に放出された際に（つまりアカゲザルという種が誕生した時に）、ソフト開発者が考えつかなかったことに過ぎない[12]。

過酷な生活

アカゲザルにとって非血縁の世界は、性的相手がいる個体、誰かをやっつける力のある個体、そして犠牲者となる可能性のある無力な個体という三種類の範疇に区分される。アカゲザルを見ていると、彼らは力のない非血縁個体に対して、それが愉快だから、そしてそうすることができ

図5. メスの血縁者たちは協力し合っている：カヨ・サンチャゴでの家族の様子（撮影：ダリオ・マエストリピエリ）

図6. オスの絆：子どもに毛づくろいをする大人のオス（(撮影：ダリオ・マエストリピエリ))

るからという理由だけで、攻撃するように思えることがある。そんなことがいくばくかの真実のようにも見えるけれど、この行動に対するより科学的な説明は、他者を攻撃することによって、あるいは進化生物学者が言うように「彼らに適当な代価を与える」ことでアカゲザルは間接的に彼ら自身とその家族を救うということなのだ。社会生活のぎりぎりの線は個体が群れで生きることから利益を得るということであるが、彼らはまた、食物、水、空間そして仲間などの資源をめぐって他の群れ内のメンバーと競争しなければならないのである。それゆえ、社会的な許容性と助力的な行動を用意することに加えて、アカゲザルが彼らの血縁者の生活をより容易にさせるための、3番目そしてもっと権謀術数的な方法が存在する。それこそが彼らの競争者の生活をさらに厳しいものにすることなのである。

　赤ん坊は殺される可能性がある個体として、おそらくアカゲザルのメスのリストのトップにあげられるだろう。アカゲザルのメスは赤ん坊に対して非常に強い愛着を持っている。赤ん坊はメスにとって、血縁、優位性そして性と並んで、生活上の大きなテーマであるのだ。出産期の始まりで、アカゲザルの群れの生活は新生児たちをめぐって展開するようになる。大人オスたちはできるだけ新生児から離れて過ごし、アルファ・オスを除けばオスはメスたちによって完全に無視されて、基本的には6ヶ月の間、オスだけでぶらぶらし、休息したり食べたり、次の交尾期の手立てをしたりするのである。それに対して、アカゲザルのメスはつねに新生児たちに注意を払い、よく見て、触って、いつも彼らに奇妙な音声を立てている。だが、彼女らは自身の赤ん坊とはまったく違った様子で他のメスザルの赤ん坊を扱う。大人メスが自分の赤ん坊を抱いているのか、それとも別のメスの手から逃れ出たばかりの他の赤ん坊を抱いているのかを、その抱き方から私はいつも言い当てることができる。

赤ん坊のきちんとした抱き方を知らないような若くて未経験なメスザルや、子どもを虐待する習慣を持つような母親を除けば、マカクザルの母親は、自分の子どもを卓越した能力と注意深さでうまく扱う。一方、他のメスの子どもには、注意を払わないかあからさまにぞんざいな扱いをしがちである。その赤ん坊たちを引っ張り、抱きしめ、引きずり、時には、叩いたり噛んだりする。この行動のひとつの説明は、血縁ではない赤ん坊を攻撃することで、アカゲザルのメスは彼女自身の子どもにとっての競争者の生存を困難にしているということであるかもしれない。この説明と矛盾しないように、群れが非常に込み合っているときには、赤ん坊への攻撃はさらに頻繁になるのである[13]。メスは時に、他のメスの子どもを死なせてしまうが、それは稀なことで、大半は故意に起こしたことではないように見える。アカゲザルは、簡単に競争者を殺してしまえるようなときでさえ、なぜ彼らの競争者をしつこく攻撃して時間を浪費するのだろうか。この興味深い問題は第V章で彼らの対立と闘争を記述するときに明らかにしよう。

血縁者ではない赤ん坊だけが、犠牲者にされる可能性のある無力な個体だというわけではない。アカゲザルのメスは機会さえあれば、年齢に関わりなく、より低い地位の非血縁の個体を喜んで犠牲にするのである。こうした行動はその血縁者にとっては利益をもたらすのかもしれないが、血縁者が群れの中にいないときでさえ、このような振る舞いをするのである。その理由は、血縁者らのもっとも近しい関係者――自分自身――がいつもそこにいて、つねに自分自身を最もすすんで助けるものだからだ。アカゲザルのメスが永続させようとしている遺伝子が、自分自身の身体あるいは血縁者やその子どもの肉体にあるかどうかは、さして違いがないのである。自分本位のわがままと身びいき的な利他主義の差異は程度の差でしかなく、本質的な違いはない。アカゲザルは自分本位のわがままと身びいき主義の双方によってあらかじめ遺伝的にプログラムされており、おそらくこれらの行動を調節するニューロンはそれぞれ脳内のそれほど離れていないところに存在するのであろう。これらのニューロンは長期間そこにあって、彼らがそのように振る舞うためにまったく具合が良かったのである。自分本位のわがままは自己という洗練された観念を必要としないのと同様に、身びいき的な行動は血縁という観念を理解することを必要とはしないのである(14)。自己と血縁の観念はこの星ではほんの最近に現れたものである。動物王国はそのような観念なしにうまくやってきたし、アカゲザルもまた末永くそのような観念とは無縁にうまく生活を続けていくのであろう。

若き身びいき主義者たち

誰が血縁者であるかとか、彼らにやさしいということがどうして重要なのかなどといわれる前に、アカゲザルの赤ん坊は、生まれたまさにその日から、ほとんど必然的に身びいき的な行動の出現する状況に自然に巻き込まれている。赤ん坊はいつも母親と一緒にいるし、その母親は家族の近くで多くの時間を費やすので、赤ん坊を身びいきするのである。それで赤ん坊はその兄弟、いとこ、おば、そして祖母と、彼らがたまたまそのまわりにいるというだけで、つるむようになる。加えて赤ん坊たちは、母親たちがこれらの個体つまり血縁者と、他の個体に対していかに振る舞いわけるのかということを観察し、そして誰が良くて誰が悪いのか、誰が安全で誰が危険なのかを学び始めるのである。母親たちは家族の価値を決して子どもたちに教えたりはしないが、子どもたちをいつも彼女たちやその血統者のそばにいさせ、非血縁者を彼らから追い払うのである。このようなことすべての結果、赤ん坊は母親たちの社会をそっくり写した社会的ネットワークを発達させる。(15) 母親の友人は赤ん坊の仲間でもある。血縁者たちは徐々に赤ん坊と親密になり、赤ん坊はこれらの個体に対する社会的選択を発達させ、これらの好みの選択を実行し始めるのである。ある時点で、赤ん坊は社会的な世界における受動的な居住者であることを止めて、知り合いでもっとも好ましい個体の仲間たちを積極的に求め始めるのである。メスの血縁への社会的な選択はとくにメスにおいて強く、一方、オスは他のオスたちといることを好むように発達する。最初、彼らは同年齢のオスの遊び仲間と多くの時間を過ごすようになる。それから年長のオスに引きつけられるようになって、彼らと関係を形成し始めることで、家族との絆が壊されて、群れから移出するようになるのである。

血縁選択と身びいき的行動の発達は、単純な法則の成果、すなわち、最上と思う個体との絆を形成し強化するのである。しかし理論的にはサルたちは血縁を自分と最も似ている個体の集合として認識することができる。表現型の一致として知られるこの仕組みはサルたちが何に似ているのかということについて、おそらくは彼らが水やその他の反射面に自らの顔を投射して見た結果のように、なんらかの考えを持つことを暗示している。別の可能性として、嗅覚によって血縁を認識するということもあるかもしれない。これは、腋の下効果と呼ばれる現象、つまりはサルたちが自分の臭いを知ってそれを他のサルたちの臭いと比べるために、かれら自身の腋の下の臭いをかぐなどという比喩のように、彼ら自身の臭いをかぎ分ける方法を持っていることを暗示させる。[16]視覚や嗅覚による表現型の一致を通した血縁の認識は、年齢の類似に加えて、これまでのいくつかの研究によれば、なぜメスたちがまったく血縁関係のないメスたちよりも、父を同じくする姉妹——父は同じだけれども母親を異にする姉妹——と一緒にたむろしているのかをよく説明している。[17]若いメスたちの母親らは彼女たちの父系的な姉妹とは連合しないので、父を同じくする姉妹間の絆は親しさとそれまでの結びつきの結果であるようには見えない。しかしながら私は、アカゲザルが、何に似ているのかを知ってはいないのではないかと思っている。もし彼らが鏡の中に自身のイメージを見出すようなやり方で、血縁者を取り扱うならば、アカゲザル社会において身びいき主義やメス間の結束はうんと少なくなるのであろう。

Ⅳ　攻撃性と優位性

牝牛とブチハイエナのはざま

他人に卑怯なことをする私たちの能力はよく知られているし、深く根付いている。中世には拷問と虐殺は大規模に、日常的に行われていた。私たちの現代的で文明化した社会でも、法の支配が、一時的に停止されたり闘争や自然災害によって妨げられたりしようものなら、略奪、強姦、殺人が猛威を振るうことになる。オーストリアの行動学者で、1973年に動物行動の研究でノーベル賞を受賞したコンラッド・ローレンツは、攻撃性が動物の社会行動の必然の要素であると主張した(1)。攻撃的に振る舞いたいという衝動は、タンクを満たした液体のように私たちの身体で強大になるので、スポーツのような非暴力的な競争的活動に傾注するようなやり方で発散させられる必要がある。毎朝テニスをすればあなたはより良き人間になれるだろう。でも不幸なことに物事はそんなには単純ではないのだ。今日ではローレンツの攻撃性についての見解に同意する行動生物学者はそんなに多くない。攻撃性は必要でも不可避でもないし、私たちのタンクをいっぱいに満たす液体でもないのである。

攻撃や暴力が稀であるか、知られていないような動物社会はたくさん存在する。牝牛はかわいらしい物静かな動物であり、海亀も同様だし、わたしたちがテレビ・ドキュメンタリー番組で見るゴリラだって、そのタイトルは「穏やかなゴリラ」である。他方で、生まれた瞬間から同腹の子を殺そうとするような子どもを持つブチハイエナのような動物もいる(2)。生まれたてのハイエナの子どもはまだ目が開いていないので世界を見ることすらできないにもかかわらず、すでにその兄弟の顔に噛み付いている。ハイエナの子どもは鋭い犬歯を持って生まれ、殺戮者として遺伝的にプログラムされているのである。人間やアカゲザルは牝牛とハイエナの間のどこかに存在しているが、牝牛よりもハイエナのほうにずっと近いようだ。それはなぜか？

大切なのは結局のところ経済学であり、攻撃とは、他のどんなものでも同様だが、費用対効果を持つものだという見解なのである。母なる自然はいかにその資源を消費するかを知っている。そして、費用よりも効果のほうが大きいときにのみ、動物における攻撃が見出されるのである。いくつかの動物種では、攻撃はそれから得るものが多くはないので価値がないという理由でほとんど見られない。他の種では、個体的にはそこから何かを得るけれども、多くの代償を支払わなければならないという理由で、やはり攻撃はあまり見られない。攻撃がきわめて有益であり、代償が少ないときに、たくさんの攻撃が生じるのである。それはまさに経済学のイロハである。しかし攻撃における費用と効果とは正確には一体何なのだろうか？

攻撃はおおむね競争にともなって生じる。それは同一物に対する2個体以上のものたちの必要もしくは欲求に基づくのである。攻撃の利得は欲しいものを手に入れるということである。多くの動物たちは食物、仲間、あるいは空間の利用をめぐって競争している。その一例として食物を取り上げてみよう。食物をめぐる戦いはある環境下では価値があるかもしれないが、別の環境ではそうではなく、それは食物量によるのである。捕まえたネズミを取り上げようとした他のネコに対して戦って、敗北させたならば、そのネコはネズミをみんな食べることができる。アカゲザルは果実のなっている木から他のサルたちをみんな追っ払ってしまえば、かれらの見つけた果実を全部独り占めすることができる。このようなケースでは戦いの利益は勝利者が独り占めするという点で一時的に高いものとなる。しかし広い牧草地で草を食んでいる牝牛の群れを想像してみよう。食い意地の張った1頭の牝牛が草をいっぱい食べようとして、採食中のすべての牝牛に戦いを挑んだとしても、どんな利益があるというのだろう?　草は一面に生えており、戦うにはあまりにも牝牛の数は多い。このような状況においては、牝牛は他の牝牛たちがしていることを気にせずに、食べられるだけの草をただただ食べることのほうが良いのである。そしてそれこそがまさに牝牛が長時間をかけてしていることなのだ。

攻撃の主たる代価は戦っている間に彼自身もしくは彼の家族の誰かが傷つくことの危険性である。自分かその家族の誰かが重傷を負うか殺されるかもしれないような危険を冒すほど、食物をめぐる戦いに価値があるのだろうか?　攻撃の利益が、個体が戦って得るものが何かということにかかっているのに対して、攻撃の危険は、個体がいかに戦うかということにかかっている。大きくて鋭い歯や鉤爪のように命に関わるような武器を持つ動物に襲いかかるものにとって、攻撃の代償はそのような武器を持たない動物に対するよりも高いに違いない。大きな武器を持つ動物は獲物に対してそれを必要とするけれども、その種の仲間たちに対して武器を使う際にはおおむね十分に注意深く振る舞っている。ライオンは恐ろしい捕食者であるが、大人のライオンが他の大人のライオンを殺したなどと言うことを、ほとんど聞いたことがないだろう。もちろん例外だってたくさんある。ブチハイエナの子どもにとって、母親のミルクが2頭で分け合うに十分ではないときに、兄弟姉妹を殺すことの利益は高いし、その結果として、子どもは殺戮に十分備えて生まれてくるのである。

それではアカゲザルや人間の場合はどうしてそんなに攻撃的なのだろうか。アカゲザルも人間も草や葉を主食として食っているわけではない。アカゲザルや人間は戦うに見合う価値のあるものをめぐって競争し、それを勝者が独り占めするという傾向がある。加えて、アカゲザルも人間も角や鉤爪や鋭い歯のような危険な武器を生まれつき身につけてはいない。アカゲザルは他のサルを殴ったり、平手打ちしたりできるし、人間は相手に飛びかかったり、パンチを食らわしたりすることができるが、それは比較的わが身への危険が少ないときに限られる。私たち人類の祖先は、物を投げることで、離れたところから他者を傷つけたり、殺したりできることを発見（それは、彼らが投射物としての武器を発明したということである）して、彼ら自身への攻撃の代価をいっそう減少させる方法も見つけたのであった。[3]遠距離からの戦いは直接的身体的な戦闘よりもはるかに負担が少なく、それぞれの個体が代償を最小にしつつ攻撃の利益を手に入れることを可能にするのである。小火器を手に入れた人間は、素手やナイフで攻撃するよりもはるかに少ない危険性で誰かを撃ち、簡単に他人を殺すことができる。合衆国における銃規制の反対者たちは銃が人を殺すのではなくて人が人を殺すのだと主張する。銃を使用して人を殺害する労力は銃以外によって人殺しをするよりもずっと低いという単純な事実は、「結果」は同じだとしても、なぜ銃を持つ人々が銃を持たない人々よりもずっと殺人を起こす可能性が高いのかということを説明している。だからその違いをもたらしているのは銃そのものなのだ。私たちの進化史において、距離を置いて殺す方法を学んだということは、捕食者としての私たちの成功を大いにもたらした。遠方からの狩猟はマンモスのような大型獣の捕食を可能にしたが、私たち自身の仲間と相争うという不幸な結末をもたらした。この地球上で他の動物種よりも、人類ははるかに多くの自らの種内の仲間を殺戮してきたに違いないことを、歴史は示している。

人間とアカゲザルは、それぞれにとって攻撃性が低い代償で利用できる価値ある道具なので、攻撃的な動物なのである。それは新奇な必需品である。人類社会は、今日では、暴力的な攻撃性による利益を減少させるとともに、その負担を増加させることによって市民の攻撃的傾向を制御しようとしていることを理解していなければならない。暴力に見返りをなくすこと、そして暴力からは何も良いことは生まれないことを宗教的あるいは道徳的教化を通して他者に教えることによって、攻撃することの利益を減少させることはできる。攻撃や暴力の代価は罰則を通して増加させる。しかしながら、戦争、あるいは自然災害などでこのような攻撃性を制御する仕組みが壊れたときには、攻撃と暴力は一挙に燃え盛る。ノーベル賞作家のウィリアム・ゴールディングが「蝿の王」(4)でうまく記述しているように、子どもたちが互いに殺しあっているときに、両親や教師たちはどうすることもできないのである。不意に、攻撃性は売り出され、みんながそれを買いたがるのだ！

すべての個体が、もちろん、このような状況に同じように反応するわけではない。人類やアカゲザルのような攻撃的な種においてさえ、たくさんの選択肢は存在する。ある個体は他よりももっと攻撃的であるだろう。いくつかの集団の個体は他の集団よりももっと攻撃的だろう。さらにそれらの個体も集団もある時点よりも別の時点においてもっと攻撃的になるに違いない。いくつかの人間社会は攻撃的であり、一方、他のグループは平和的であると人類学者たちは言いたがる。したがって人類が種として攻撃的なのかそれとも非攻撃的なのかについて一般化して述べるのは困難である。林檎だって大きさ、色、肌触り、そして味覚などにおいてたくさんの変異を含んでいる。でも、全体として林檎は蜜柑とは違うのである。攻撃的な種と非攻撃的な種は林檎と蜜柑のように、お互いに異なったものとして存在しているのだ。攻撃性と暴力は歴史上のさまざまな時点においてすべての人類社会で報告されている。アカゲザルのこれまで長期に研究されてきたすべての群れで、それはインドでも、カリブ海でも、ヨーロッパでも、合衆国でも、同様のことが生じているのである。本当に平和的な人類社会あるいはアカゲザル社会があるとすれば、それは見かけも味も蜜柑そっくりの林檎が存在するようなものである。

攻撃性の表出は制御することが可能であるのに対して攻撃的な傾向は人間の本性の統合された一部分である。攻撃的傾向はアカゲザルの本性にとっても重要な一面であって、アカゲザル社会が心理的な教化もしくは暴力に対する制度的な制裁というものを欠落させているために、攻撃性がつねにマカク社会に潜在しており、いとも簡単に暴発するのである。そこで、人間やアカゲザルのそういう状態に対して、おそらくコンラッド・ローレンツはもちろんそんなに間違ったことだとは考えなかったのだろう。しかしながら、人類の攻撃性は必要だとか不可避なことだと、わたしは言いたくはない。ただ、それは欲するものを手に入れるための「経済的に」有益な方法であるに過ぎない。攻撃という性向を制御して減少させるように私たちはやり遂げねばならないのである。

何のための戦いなのか？

もし攻撃が競争に関してなのであれば、食料、仲間、土地などのように不足している資源をめぐってもっと戦われるはずであろう。すべてのものにとって十分満たされているときには、攻撃は無意味であって、何も期待されはしない。そんなやり方が効果的であるようには見えない。人間やアカゲザルは、戦いの成果がわずかであるとしか思えないようなときでさえ戦うのである。物事がうまく進んでいるときに、人間もアカゲザルも双方とも、ゆったりと座り、くつろぎ、平和を楽しむなどということができないことが明らかになる。その代わりにかれらはお互いの生活を不幸な状態にすることに努力を傾注するのである。

人間から給餌されているアカゲザルは、全員が同じ餌を食べ、全員のお腹はいつもいっぱいになっているときに、森の中で飢えていたときよりももっと激しく争うのである。わたしの研究助手のナンシーは世間並みの給料を貰って毎日アカゲザルを観察していた（実際に彼女はそれ以上のことをしてくれたのだが）。ナンシーはサルたちを愛して、彼らとの仕事を楽しんでいた。その彼女が仕事を辞めることになったのだ。彼女はもはやいつのときも互いに互いを目の敵にしているアカゲサルたちを観察し続けることができなくなってしまったのである。かれらの絶え間のない争いは理由もなければ当面の決着もないように思われた。攻撃は競争、挑発、誤った情報交換のいずれから生じたとも思われないのである。攻撃者は他者への攻撃によって、その犠牲者に神経をすり減らさせる以上の何ものをも得ることはないように見える。この種の攻撃はある種の病理的な行動ではないし、人工的な環境におかれた結果でもない。アカゲザルが放飼場で飼育され、人間から餌を与えられているときに、彼らは、餌を求めて遊動しなければならなかった森にいたときよりも、おそらく退屈で、かつ社会的な活動のための時間がふんだんにあるのだ。退屈していることと時間がたっぷりあることは、しかしながら、挑発されることなく発現した攻撃をうまく説明してはくれない。

見たところでは、アカゲザルの無分別な攻撃は完全につじつまが合う。サルたちが実際に何かを欲してそのために戦うところのものはあれこれの資源でなくて、大文字のPを付したパワー（権力）なのである。権力は彼らの欲するものを何でも手に入れさせる。権力闘争が皿の上の食物の量やお腹の満腹度合いを変えたりはしない。その代わりにそれは日に日に、そして毎週毎週、続いていく。もしサルたちが遊動をしたり、食物を探すことに忙しくないとしたら、それは、権力闘争のためによりたくさんの時間があることを意味しており、彼らはもっと戦い続ける。彼らは有効に時間を使っているのである。

理論的に言えば、権力のない個体は権力を手に入れるために戦っているし、すでに権力を手にした個体はそれを維持するために、あるいはもっと増強するために戦っているのである。アカゲザルでは、しかしながら、権力構造はとても安定していて、一般的に攻撃は頂点から最下層へと一方向に向けられる。著しい例外として、喧嘩は一日一日を基準に権力と社会的地位を転覆させるためというよりは、維持するために用いられる。権力をもつ人はよく知られるように、頻繁かつ予測できない攻撃をきわめて効果的に脅しの表現として発する。地球のあちこちに存在する暴虐的な政権や独裁者たちはこれらの戦術を用いて、その統制する社会における支配を維持しようとするのである。民主主義においてさえ、権力をもたない人々の間の恐怖感の誘導が、優位な階層や政治家たちによって、彼らの社会支配のために行われている。アカゲザルはこの点で大変すぐれている。しかし、アカゲザルにおける権力とは一体何か、どのように働いているものなのだろうか？

優位性

サルの権力は優位性と呼ばれ、優位性を理解するために、私たちは最初にアカゲザルが、ちょうど人間のように、社会的な関係を持っているということを理解しなければならない。ケンブリッジ大学の卓越した動物行動学者であるロバート・ハインドは、かつて相互作用と相互関係の間の重要な相違を明らかにした[5]。相互作用とは一方は他方に何かをするという意味の2個体間の出来事である。たとえば、ボニーがクライドに接吻をする、というのは相互作用である。相互作用は特殊なときに起こる特別な出来事である。ボニーがクライドに何度も接吻をしたり、一緒に銀行を襲撃するような時には、彼らは相互関係を形成している。なぜなら、彼らが一緒にするどんなことも、過去に一緒にしたことやこれから一緒にするであろうことに影響されているからである。相互関係の鍵は、関係する個体が過去に一緒に何をしたのかを覚えていたり、将来を予想したりするということである。

アカゲザルはボニーがクライドにいつ、何をしたかについて、すばらしい記憶を持っている。アカゲザルはおそらくは私たちのような将来について確かな熟慮に耽ったりはしないが、明らかに過去に見た他者がしたことを基礎にして、彼らがこれからするであろうことを予想するに違いない。個々のアカゲザルは良かれ悪しかれ、実質的には群れのすべての個体と相互関係を持っているだけでなく、さらに他の個体間の相互関係の特質に関する何らかの知識についても持っているのである。とりわけ近縁なメスの血縁者間は良い相互関係を持っていて、一緒に座ったり、お互いに毛づくろいをする時間を持つことで関係を維持している。他方、家系を異にするメス間では相互関係は貧弱で、相手を回避したり、攻撃したり、服従したりすることで気をつけているのである。大人オスが他の大人オスと良好な相互関係を持つことはほとんどないが、ときたま特定のメスや若いオスと親しくなることもある。相互関係は安定していたり、不安定であったりする。血縁関係にある大人のメス同士の相互関係は一般的に安定しているのに対して、大人のオス間の相互関係や未成熟個体と大人の間の相互関係は不安定であることが多い。

　アカゲザルの群れにいるサルはそれぞれサル同士の相互関係が良いのか悪いのか、そしてその関係が安定的か否かを知っている。アカゲザルの集団における社会生活は終わりのない連続ドラマのようなものである。群れの誰もが来る日も来る日も調子を合わせて、サルの長椅子に座ってポップコーンを食べつつ、ねじれたり、ひっくり返ったりしながらゆっくりと展開する筋書き通りの道を保ち、登場人物が次にすることを思い描こうとしているのだ。多くの連ドラマニアがそうであるように、アカゲザルはそれぞれに、家族、友人、敵対者、さらには誰かを踏み潰すのが誰で、誰が誰かと一緒に眠るのかということを知っている。マカク属のサルは連ドラにおける彼ら自身の嗜好を持っているのだけれども、争いごとの筋書きを好み、愛と背信の物語を不安がるように見えるのである。

　アカゲザルのオスのクリント・イーストウッドとチャック・ノリスがある朝目覚め、朝食に同じ林檎を食べたいと決心したということを想像してみよう。与えられた名前を引きずって、彼らはともに不幸な演技をしたうえで、最終的には戦うことになる。テキサス・レンジャーはクリント・イーストウッドの戦争作品として知られているが、ダーティ・ハリーはマグナム44口径を持っている。そしてチャックは先を進んでいって、彼を喜ばせる。クリントは戦いに勝利して、林檎を手に入れる。次の日もクリントとチャックが同じ林檎を欲しがったと考えてみよう。彼らは双方ともに昨日も戦ったことを覚えている。だからチャックがまだマグナムを忘れておらず、再び死ぬかもしれないと恐怖する限り、クリントは再び勝利することを確信するのだ。クリントがチャックに古典的なセルジオ・レオンの映画において彼を有名にした風貌を見せつけると、チャックはクリントが彼に触れもしないにもかかわらず、いっそう恐怖に駆られるのである。この合図の交換の後に、クリントはマグナムを引っ張り出すことさえなく、林檎にありつくのだ。日がたつにつれて、クリントは何かを見せてチャックを悩ませることもなく、ちゃんと林檎を手に入れるようになる。チャックはクリントを恐れ続け、クリントが近づくだけで、さっと立ち去ってしまうのである。

クリントとチャックはいまや、一緒に接吻をしたり銀行を襲ったりしてはいないけれども、ボニーとクライドがそうであったような相互関係を持っている。彼らは、クリントが優位でチャックが劣位であり、優劣関係として知られている特異な相互関係を持つのである。おそらく林檎をめぐって再び戦うことはないに違いないが、彼らの間にはそれ以外の争いはあるだろう。クリントはたまにはチャックを攻撃するだろうが、それはクリントの社会的立場を維持し、チャックにクリントを恐れるだけの理由のあることを思い出させるためだけの意味しかない。クリントの行動に対する反応として、チャックは近接することを避けるだろうし、お互いが接近したさいにはいつでも恐れの表情を示すだろう。不意にセルジオ・レオンの映画にますますよく似た場面が生じたときに、葛藤は、銃の撃ち合いなしに恐怖を顕在化させるような個体の落ち着いた、おびえさせる態度によって解消させられる。しかし、ある日、チャックはクリントから銃を奪い取るかもしれないし、そのときにはサル版のＯＫ牧場の決闘があり得るのだ。

サルであれ人間であれ、クリントとチャックがこの映画で演じていることを見たものは誰でも、誰が優位で、誰が劣位であるかをたやすく言うことができるし、それゆえに彼らの将来の行動を予測することも可能である。優位と劣位は、誰が林檎を取るのかとか、誰が怒り誰が怖がるのかとか、あるいは誰が攻撃して誰が自由に振る舞えるのかなど、いろんな方法で判断することができる。チャックがクリントにつねに注意を払っていて、彼が行うすべての動きをひそかに窺っている以上、彼らの注視行動だけで相互関係において誰が優位で、誰が劣位であるのかということは誰にでもわかる。１９６０年代以前に、ある研究者たちはサルたちの注視行動を測定するだけで、群れ内のすべての優劣関係を理解することができることを示唆していた。それは「注目の構造」[6]と呼ばれているものである。その着想はすべてのサルから注目を受けている個体がその群れでもっとも優位なサルであるということであり、反対にすべてのサルから無視されている個体は優劣の階層性の最低部にいるということでもある。そして大半のサルはその両者の間のどこかに位置するのだ。社会的な注目と優位性の間の関係は興味深く、人間にも同様に適用できる。遊び場で相互に遊びあっている子供たちも大人たちも優劣の相互関係を持っているが、アカゲザルのそれにそっくりである。遊び場で相互に遊びあっている子供たちの集団や晩餐の席に着いている大人たちを観察すれば、その行動をよく見てチェックすることで彼らの優劣関係に関するいくばくかの洞察を得ることができるのである。しかしながら、気質や個性の違いによって、時として、ことは複雑になることがある。それらは優位性と関連するかもしれないし、しないかもしれないのである。心配性でいつも他人を注意深くチェックしている優位な人とまったく他人に注意を払わない劣位の人がいるに違いない。このような個体的な相違はアカゲザルにも同様に存在するし、注視行動からだけで優位性を判断することを困難にするのである。

専門的に言えば、優位性とは相互関係に含まれる属性であって、個体の持つ特性ではない。たとえば、クリント・イーストウッドはチャック・ノリスよりも優位であっても、ハリウッド中の頑強な若者たちよりも劣位であるということだってありえるのだ。理論的には優位性は二個体の間でさえ変化し、状況に依存的なものである。たとえば、クリントが、同一の食物を求めたときにはチャックよりも優位であるけれども、同じ魅力的なメスを両者が求めた際にはチャックのほうがクリントよりも優位であることだってあり得る。この状況特異性は、しかしながら、アカゲザルでは発現しないのである。クリントとチャックは安定した優劣関係を持っていて、クリントはいつでも、どこでも、チャックのケツを蹴っ飛ばすことができるし、双方ともそのことをよく知っているのである。

個々のアカゲザルはその群れ内の全員と優劣的な相互関係を持っている。多くの他個体に対して優位な個体は一般的に優位に振る舞おうとする。たとえば彼らは、自信に満ちた様子で尾を上に上げて歩き回り、新奇な状況にあってさえもその行動はいつも自信たっぷりである。クリント・イーストウッドはマカロニ・ウエスタンでも、キャラハン警部の映像でも、すべて同じように演じている。そこで彼の映画に登場するチャック・ノリスはいつも、彼にとって妥当な役回りである。多くの他者に対して劣位の個体はおどおどしていて、大概において服従的に行動しようとする。クリントが近くにいない日に、そこには林檎が食べられるのを待っているようにおかれている好機であるにもかかわらず、それに触れることさえできないチャックのように、攻撃されることへの恐れは劣位的な心理に染み付いていくのである。もっとも優位な個体が群れから取り除かれても、劣位の個体は彼らに与えられた餌をとろうとしなかったというような研究すら存在する。(7) もしもアカゲザルの群れにおける劣位者であるならば、そのように振る舞うことが劣位者にとっても安全なのである。

しかしながら、もっとも安全な演技者でさえも、思いがけず、すばらしい好機を掴めることがある。もしも優位なオスが普段よりも長くうたた寝をしているならば、優位者が見張っているときにはメスに接近することさえ怖がっているような劣位のオスが、メスに言い寄るようなわずかな絶好のチャンスを持てるのである。彼はたくさんのメスと交尾することができるし、瞬く間に彼女らすべてを妊娠させることもできる。もしも優位者が病気や怪我をしていたり、ある時に弱気の兆候を見せたりしたならば、劣位者はこの機会を生かして彼に挑戦できるのだし、優劣の相互関係をひっくり返すことだって可能なのである。

階層性と順位

アカゲザルでは、優位性はひとつの相互関係から別の関係へと移行していくものである。これはちょうど、もしクリント・イーストウッドがチャック・ノリスに対して優位であり、チャック・ノリスはスティーブン・セガールに対して優位であるとすれば、クリントは自動的にセガールよりももちろん優位であるということである。こういうことで、他の誰よりも優位な個体は頂点に、誰に対しても劣位な個体は最下位にという具合に、すべての個体は直線的な優劣関係の階層に位置づけられる。階層性における個体の位置は優劣順位というように呼ばれる。アカゲザル社会は、女性兵士が男性によって性的に悩まされないことと同性愛者は入れないことを除けば、合衆国陸軍そっくりに組織されている。

アカゲザルの群れはオスとメスの異なった優劣の階層に分かれているけれども、その二つの階層は重複しており、複雑な方法で交差している。最上位の階層に位置するオスつまりアルファ・オスはすべてのオスとメスよりも優位である。かれは王様であり、(メスと交尾するという厄介な仕事をこなさなければならないのではあるけれども)誰に対しても何事においても絶対的な力を持っている。不幸なことに、何もかもうまくいったとしても、アルファ・オスの地位は決して長くはない。王様でいることはすばらしいことなので、誰か他のオスがすぐにやってきて、その地位から追い落とす。他の大人オスのいくらかはメスを支配するが、一方、残りの者たちは多くのメスに従属することになる。理屈で言えばオスはメスよりも大きくて強いので、もし戦いが誰も見ていない暗い小道で起こるのであれば、すべてのオスはメスとの争いに勝つ可能性が高い。オスとメスの争いは、しかしながら、誰も見ていないところで、あるいは観衆の関与なしに起こることはめったにない。メスたちは彼女の血縁家族のメンバー・メスに助けられ、この援助のおかげで、彼女らのあるものはオスよりも上位に位置づけられる可能性がある。

最上位のメスつまりアルファ・メスは群れの女王である。彼女はすべてのメスよりも優位であるばかりか、アルファ・オスから得た援助のおかげで、彼を除く大人のオスたちにさえ優位である。換言すれば、王様は女王が他のオスとトラブルを起こしたときにはいつでも彼女の代理として介入するのである。王様は群れ内にいるオスあるいは他の群れから移入してきたばかりのオスによって挑戦された場合には、女王が彼にウンザリさせられているか、あるいは彼を排除したいと思っていない限り、彼女もまた王様を助けることがあるだろう。だからアカゲザルの群れではアルファ・オスとアルファ・メスは、ある本[8]で述べられているクリントン政権におけるビルとヒラリーのように、権力的なパートナーなのである。もし女王が同盟を切り替えようと決心して、現在の王様に変わって他のオスをサポートするようになったら、それは王様の時代があとわずかな命であることを意味している。オスたちはお互いに優劣をめぐって戦っているのだが、この戦いの勝者が群れの最上位のオスになるためには、メスとりわけアルファ・メスの支持を得る必要がある。メスたちの支持を欠いたオスの生活は悲惨なものとなる。もっともメスの支持があったにせよ、時にオスの生活は悲惨なものである。

メスたちは、戦うときにはお互いに助けあう同一の母系的な関係に属しているので、よく似た順位を持つ傾向にある。それゆえ、群れ内にメスたちの階級はほとんどないのだけれども、母系間の階級は存在する。最優位な母系に属するすべてのメスたちは通常、群れで最も大きなグループを形成し、2番目の順位に位置する家系のメスたちよりも高い地位にある。そして2番目のグループのメスたちは同様に3番目のランクにある母系のメンバーすべてよりも高い順位にいるのである。カヨ・サンチャゴではアカゲザルの群れは、おのおのが15頭以上の3ないし4の大きな母系集団を構成している。インドの森林のような自然の生息地ではおそらく、もっと少ない個体数で構成された、もっとたくさんの母系集団が群れの中に存在するものと思われる。

それぞれの母系集団の中で、若いメスたちは彼女らの母親の順位の近傍の順位を身につけるが、一生の間、母親に対しては劣位であるに止まっている。姉妹たちは彼女らの年齢を正反対にしたように順位づけられるので、あるメスのもっとも年下の娘は姉妹の中で最上位に位置づけられ、彼女の下から二番目の娘は姉妹間で上から二番目の存在となるというように、次々と順位づけられている。このような姉妹間の優劣パターンは、彼女たちが互いに戦う際に母親がいつもより若い娘に代わって立ち入るという事実によって決定されているのである。このようにして最も若い娘が他のすべての姉妹に対してつねにサポートされている。このような母親の介入行動に対しては、あるいは単純であったり、はたまた権謀術数的であったりするような、たくさんの可能性のある説明が存在する。

攻撃的介入における利他主義と日和見主義

もしアカゲザルのオスのチャック・ノリスとスティーブン・セガールが戦ったとして、誰にでもそこに巻き込まれる機会があるだろう。もしクリント・イーストウッドがチャックに対してスティーブンを手助けするように介入するとしたら、スティーブンと一時的な連合を形成しているのである。攻撃的な介入と連合の形成はメス間でとりわけ普通に見られるが、オスだってそうすることがある。個体は自ら進んで戦いに参入するが、そうでないことの方が多い。戦っているうちのどちらかによって、そうするように仕向けられるのである。

戦っているサルたちはその間ずっとだれかの手助けを求めている。もしクリントがチャックに対抗してスティーブンを助けるために介入するなら、助けを求めたスティーブンにとってそれはある種の好機となる。実際、スティーブンがチャックに戦いを吹っかけたことで、クリントの支援を受けることができたのだし、彼と交友を結ぶ可能性も出てくるのである。

攻撃者が誰か他者の助けを求めるときには、犠牲者を威嚇することと、辺りを見回してそこへ飛び込む気のある誰かを見出すことを、すばやく交互にするのだ。霊長類学者の専門用語でこの行動は「見せかけの注視」と呼ばれている。この間、サルは一般的には四つんばいで立って、尻尾を高く上げている。尻尾を上げているということは、攻撃対象に対してと同様に、戦いに参加しようとする個体に対しての誘いかけとして機能しているのである。攻撃者が他者の注意をひきつけて介入に誘い込むための特殊な金切り声と悲鳴も存在する。ときどき攻撃者はこの戦いに飛び込む気があるかもしれない一頭の個体を見回しながら、しばしば特別な個体からの介入をそそのかすことがある。彼らはその個体を繰り返し見て、彼または彼女と眼を合わせようとすることで、介入をそそのかし、別のケースでは、その相手に背を向け、まん前にかれら自身を正しく位置づけて尻尾を上げることで、そうするのである。もしも行動するようにそそのかされた個体が関心を示さなかったり、介入の意思がなかったりするときには、彼らは何事もなかったかのように振る舞う。彼らはアイ・コンタクトを避けて、自分自身の仕事に専心するか、その場から立ち去るのである。アカゲザルは無関心を装うことをとてもうまくやれるのだ。

攻撃の犠牲者たちが誰かに支援を求める時には、彼らは攻撃者と同じ行動を、もっと金切り声を上げながらとるのである。彼らはおそらくは恐怖あるいは痛みで金切り声をあげるのだが、彼らの金切り声は、攻撃者を混乱させることで攻撃を中断させるか、あるいは他個体の注意を引いてかれらの支援を引き出すか、いずれかふたつの異なった結末をもたらすこととなる。攻撃の犠牲者が悲鳴を上げるとき、その金切り声は再び攻撃されるのを避けようとしているのか、あるいは反撃しようと（後を見つめたり、攻撃者に突進したり）しているのかによって異なって聞こえるし、また彼らが攻撃によって多くの痛手を受けているのかどうかによっても違った響きとなる。アカゲザルが不可解な暗号化された、しかし人間の耳には認識されない言語を持つと信じている研究者たちは、犠牲者の悲鳴は、攻撃者が誰であるかによっても、攻撃の状況がどうなのかによっても、異なって聞こえるのだと考えている[9]。この考え方では、攻撃の犠牲者が悲鳴を上げたときに、彼らは「警報！　警報！　私は今、性別はメス、年齢は15歳で非血縁の最上位の母系の一人という特徴を持った相手から攻撃されています。注：相手は娘たちと手を組んでいます。注2：私はすでにとっても痛い。お願い、助けて！」とかいうような内容のメッセージを、電波を通して発しているということになる。そのメッセージが目ざす受け手に届くかどうかはきちんと解読されるかどうかに係っているが、もっと大切なことは、受け手がそんなことはどうでもいいと思うかどうかということであって、それは伝達者が誰であるか、誰と戦っているのか、さらには誰が同時にそれを見聞きしているのかということに係っているのである。誰でも群れの王様や女王に援助を求めようとしていると予想するかもしれないが、2、3の理由で、それがいつも良い方策だとはいえない。ひとつは、すべての皇室のように、アカゲザルの王様と女王は彼らの社会の最下層の誰かから救済の要請があったときに無関心を装うのが最上であるということである。次に、もし彼らが騒々しさ全体にすでに悩まされていて、争いでその手を穢すように頼られて困っているとしたら、彼らは争いに介入して、攻撃者ではなく救済を求めている犠牲者の方を攻撃するかもしれない。

誰かに味方して争いに介入することは利他的行動の一形態である。誰かが家系の一員でない限り、介入行動はいくばくかの利己的計算をともなう意思決定過程を必要とする。この過程は多くの社会心理学者によって研究されているが、それは人間に関してであって、サルについてではない。彼らはこの種の研究を社会的介入研究と呼んでいる(10)。一般的に社会心理学者は、二者間での口論、あるいは自動車事故、もしくは利他的な介入を必要とさせるような他の状況を目撃するような仮想の筋書きをともなう被験者（傍観者）を存在させておいてから、被験者は、どんな状況下で助けようとするかを尋ねられる。研究者たちはさらに被験者の意思決定に影響する変数（たとえば、いざという場合の個人の帰属性、介入することの危険性と見返り、あるいは救援に寄与したり、被験者の行動を判断したりするかもしれない他の個体の存在）を明らかにしようとする。傍観者介入研究に関心のある社会心理学者たちは、アカゲザルが争いに参加するかどうかの意思決定の仕方から何かを学べるに違いないのだが、残念ながら彼らの大半はこれらのサルについて精通していないのである。

アカゲザルの敵対的な介入――あるいは、もっと一般的に、サルや人間の利他的な介入のどんな形態でも——を説明することは、ひどく複雑であるように見えるかもしれないが、結局は（もしわたしたちが道徳や宗教の問題を無視するとすれば）、すべて血縁と経済に帰着するのであり、それは介入の代価と利得ということなのである。アカゲザルでは血縁と身びいきがメスの家系間の敵対的な介入を説明している。これは子どもに対する母系的な敵対的な支援にとって、とくに正しくて、敵対的な介入のもっともありふれた様態のひとつである。アカゲザルの母親たちは、その子どもの役割が攻撃者であれ、被害者であれ、敵対者の地位がどうであれ、子どもたちを絶えず援護している。母親が子どもを自分より上位に位置する対抗者から助けるときには、戦いに勝利する見込みは立っていないけれども、彼ら自身を仕返しの大きな危険に曝すのだ。そしてその仕返しは必ずやって来る。母親は悲鳴で、あるいは攻撃者を平手打ちすることで、注意を自分自身に向けさせて、自ら犠牲となるのである。そうして自分の子どもには逃げるチャンスを与えるのだ。母親たちはアカゲザル社会における唯一の真の利他主義者なのである。ときたま他の血縁者が助け合うこともあるが、非血縁者間の敵対的な介入はまったく政治的な駆け引きなのである。

最近群れに移入してきた大人オスが争いに干渉するやり方は、血縁が関与しない敵対的な介入についての日和見的本性の典型である[11]。これらのオスたちは群れの中に自らの子どもを持たないということで、彼らは決して赤ん坊や子どもを助けたりはしない——そうすることに何の得もないからだ。その代わりに、かれらは一般的に、他の大人オスや大人メス、お返しに彼らを助けることができるかもしれない個体の代理として争いに参加するのである。大人オスは主として犠牲者ではなくて攻撃者のほうに加勢する。それゆえ、彼らは問題の渦中にある誰かを守るために介入したりすることはない。その代わりに、攻撃者は一般的に犠牲者よりもより高い順位にいるから、大人オスは通常は、いずれにせよ、戦いに勝つと思われる個体のほうを支援するのである。彼らには、低位の相手と戦っている、自分たちよりさらに高い順位の個体を助けようとする傾向もある。つまりこれは事実上彼らの支援を必要としない個体なのだ。つまるところ、大人のオスたちは本当に支援しているのではなく、彼らにとって最小限の危険性あるいは負担で、自分自身よりも高い順位にいる個体に対しておべっかを使っているということなのである。彼らがうまくやりたいことは二つあって、一つは高い順位の個体と親しくなって、お返しとしてのちょっとした助けが得られることであり、二つ目は攻撃の犠牲者を出したことの結果として優劣に良い評価を期待するということである。もしも攻撃の犠牲者が支援で介入したものよりも低い順位のものであるとすれば、その支援者は自分の順位を強化して、自分の元からの地位を維持するであろう。もし、犠牲者のほうが順位が上である場合には、敵対して介入したことによって、支援者はその階層でのより高い順位を得ることが期待される。この種の日和見的な介入は、まだ群れから転出していない若いオスか、入ったばかりのオスのように、積極的に地位を得るために策を弄しているオスたちによって普通に示されることなのである。どっちの場合にも、これらのオスたちはオスの順位階級を上昇しようとしており、他のオスより高い順位につくためにはどんな機会でも可能でありさえすれば利用する。オスたちがメスたちを助けるために介入すると、そのメスたちのみならずその血縁者からも許容してもらえるようになるかもしれない。そのような幸運に恵まれたら、オスたちは性的贈与にだってあずかれるかも知れないのだ。日和見的な攻撃的介入はメスが非血縁者を助けるときにも普通に見られるものである。その原則はこうだ。そうすることでいかなる負担もかからないなら援助をすること、有力な個体と親しくなること、順位序列の中でその位置を強化したり上昇させるどんな好機をも利用してみることというものである。

スケープゴート

攻撃の犠牲者となったアカゲザルには他の個体を巻き込もうとする別の方法がある。それは支援者ではなくてスケープゴートつまり身代りをつくることだ。彼らはこれを、直接的に他の個体に攻撃を仕掛ける、つまり霊長類学者たちの表現を借りれば、関係のない別の個体へ向けた「代償的攻撃」として実現される。「代償」の典型的なケースでは、まさに攻撃されたサルが攻撃者や他の個体をふり返り、助けを求めつつ、直ちに別のサルを追いかけ、脅かし、あるいはまっすぐに攻撃するのである。

身代りとなったものは、最初の争いが勃発した近くで彼女本来のするべきことに気をとられていた偶然の個体であるに過ぎないこともあり得るが、多くの場合に、そのスケープゴートは手当たり次第に選択されるのではない。まず一般的には、身代りは攻撃者よりもそして犠牲者よりも順位の低いものであり、群れの中に血縁者も仲間もいないとか、その家系の順位がうんと低くて、誰もお互いに助け合おうとさえしない、いわば駄目な連中ばかりというような理由で、誰からも助けてもらえるチャンスを持たないものである。次には、群れの中にいるアカゲザルは誰でも、階級の最下部にいるサル以外は身代りの有力候補者をもっていて、彼らが攻撃されたときにはいつでも、たとえ争いの近辺にいなかったとしても、直ちにその絶好のスケープゴートを探し出すだろう。実際に、身代りにされないチャンスは、争いの近くにいないということだ。こういうときにことがどのように進むかをよく知っていて、その攻撃者が争いにかかわるたびに、そこを離れ、できるだけ遠くに走り去るのである。階級の最下層のサルは、大半の他のサルたちの有力なスケープゴートなので、一般的には群れの中で争いが勃発する時にはいつでもあらゆる場所に分散しているのである。

身代りをつくるということは、いかにもいちどきに多くのことを完遂するためのマキャベリ的な戦略である。基本的には、身代りを見つけ出すということは攻撃者の注意を自身から他者へとそらすことによって、更なる攻撃を回避する犠牲者側の方法である。それは、「どうして私なの？　ねえ、代わりにこの若造をみんなで追いかけましょうよ！」という悪魔の囁きなのだ。もし、スケープゴートに対して、自分への攻撃者や他個体の手助けをとり込むことに成功したとなると、本来の犠牲者もまたそれらの個体たちと一緒に連合を形成するのである。スケープゴートを通しての連合の形成は、もっと強力な群れのメンバーと親密になることや身代りに対する支配を強固にすることを可能にする。大変野心的かつ権謀術数に長けたサルたちは、彼らよりも高位の個体さえも身代りの標的にして、その状況を利用し、順位を上昇させようとする。この種の戦略は、メスの優劣は群れの母系的な構造によって規制されているという理由で、おそらくメスよりも大人のオスによって利用されている。メスに比してオスの順位はもっと変動的であり、彼らの社会的な戦略さらに加えて彼らの闘争技能や社会的および性的な魅力に大いに負っているのである。

スケープゴートをつくりだすことには、それ以外に、同じ攻撃者による将来の攻撃を抑止するという機能も存在する。もし、2頭の非血縁的な個体間で争いが生じたならば、犠牲者は攻撃者の血縁に転位的な攻撃をおこない、一般的に赤ん坊や子どもたちを攻撃するのである[12]。このケースでは攻撃の方向を変えることとは、現実的には攻撃者の家族の誰かに対する報復の形をとり、これは、もし将来攻撃が起これば攻撃者の家族の一員が一定の手痛い結果を蒙るという警告として機能するのである。これは、アカゲザルの世界で、セルジオ・レオーネのマカロニ・ウエスタンがゴッドファーザーと会い、クリント・イーストウッドのまなざしを誰かに向けたサルが、マーロン・ブランドのような囁き声で話し始めるようなものである。

立身出世物語

テキーラは群れでは最上位の母系に属する2歳のメスであった。テキーラの母親イベッテはアルファ・メスの姉のうちの1頭であった。テキーラは大半の時間を母親と一緒に過ごして、彼女や家系の一員の若い仲間たちと遊んでいた。テキーラは遊び仲間との取っ組み合いや追いかけっこなど男の子がするような乱暴な遊びを好んでしていた。年を重ねるにつれて彼女の遊びは荒っぽくなった。ある日、テキーラはいとこのジェミマと普段以上に激しい取っ組み合いをしていて、ついにはお互いに怪我をするところまでになった。いつものように彼らは悲鳴を上げてそれぞれの母親を呼んだ。イベッテとジェミマの母親ローラが酷い現場に駆け寄ってそれぞれ自分の娘を助け上げた。イベッテはローラの妹だったので優劣における順位はローラの上位に位置していた。イベッテはジェミマを引っ叩き、ローラを威嚇した。ローラは恐怖で悲鳴を上げて逃げ去った。少女たちの間の小競り合いはそれで終止符を打ったのである。

その日に3頭のサルは教訓を学んだ。彼らの1頭は興味深いことをも思いついた。テキーラは、ジェミマが狼狽して彼女の母親を呼んだとしても、イベッテがやってきて双方の処理をしてくれるので、ジェミマに威張り散らすことができるかも知れないことを学んだのだ。ジェミマは、もしテキーラとけんかになったら、自分の母親がイベッテを怖がっていておそらく争いには勝てないので、勝ち目はないということを学んだ。ローラは、これからは娘がテキーラと遊んでいるときはいつでも、諍いが起こるかもしれないことと、妹のイベッテの横柄な態度だけでなく、彼女の生意気な娘にも同様に抵抗しなければならないということを学んだのである。アイディアを思いついたのはテキーラであった。自分とジェミマの間に起こったことと、その後で母親とおばとの間に起こったこともしっかり見たので、彼女は、これからはいとこだけではなくておばさんも同様にあらゆる点で支配できることをはっきりと理解したのだ。一条の光が一頭の野心的で社会的な立身出世を目指すサルの心に差し込んだのであった。

テキーラ、ジェミマとその母親の間にその日起こった出来事は後にテキーラの他の遊び仲間とその母親たちにも起こったのである。テキーラはすでに遊び仲間の母親たちが誰であるのかを知っていたけれども、いまや彼女は、彼らの母親たちがテキーラの母親を恐れているとしたら、他のメスの子供たちにそれを分からせ、追い散らすことができるに違いないことを学んだのである。彼女は他の若い仲間に喧嘩を売って、金切り声を上げてイベッテに助けに来てもらうことで、この考えを試してみた。それは実行された。遊び仲間たちはテキーラを怖がり始め、多大の配慮を持って扱うようになった。申し分ない。しかしながら、ある日、テキーラがアルファ・メスの若い娘に喧嘩を売ったとき、彼女の母親がアルファ・メスの競争相手ではないことを思い知らされたので、それから彼女はかえって遊び仲間を怖がるようになったのである。結局はオスもメスも群れの若者たちの全員が、母親たちの互いに付き合うやり方が、彼らのお互いの付き合い方ともなっていくのだということを学んだのであった。結局のところ、もはや母親たちが彼らの子どもの小競り合いに関わるために悩むなんてことはめったになかった。子どもたちはあたかも母親の影がいつも彼らの後ろにあるように行動し始めたので、彼らはその影がいかに大きいかはたまた小さいかに係って、彼ら自身で争いを沈静化させたのだ。

遊び仲間の間での優劣関係の定着は優劣順位獲得の第一歩に過ぎない。若いアカゲザルたちが大人の優劣階層の中へ統合されることは、自動的な過程ではなくて、労力を必要とすることなのである。問題は大人たちが子どもたちよりも相対的に大きくて強いということであって、子どもの誰かを彼らよりも上のランクの優劣階層に入れようなどとすることは、彼らの母親が誰であるのかということに無頓着には、とてもしたくないことである。アカゲザルの赤ん坊は、群れの他のすべてのサルたちがかわいくて抱き上げたくなる（しかしいじめとも誘拐とも、私たちには見える）間の、生後3、4ヶ月の間だけ、大人のような攻撃から免れて、つかの間の一時期を楽しんでいる。この猶予期間が終わると、赤ん坊は、小さく、弱く、未経験であり、さらに群れの中に彼らの家系のメンバーに不満を持つ誰かがいるのは確実だから、どの個体も同様に、脅され、平手打ちされ、噛み付かれ始める。だしぬけに赤ん坊たちは攻撃でとりわけ傷つきやすくなるのである。猶予期間の最後はアカゲザルの生活における痛みをともなう過渡期となる。若者たちは群れの中のすべての大人に対して服従的になり始めるが、彼らの家系のメンバーの地位がそれを許すのであれば彼らの順位を高めて行かねばならない。群れの中で低順位のメスの子どもには選択肢がなく、誰かによって犠牲にされるかもしれないことを学ばなければならないし、不幸なことにそのことは変えられないのだ。そのうちに群れ全員のお気に入りの生贄としての自分たちの将来について学ぶ。他のメスたちの子どもはその母親の順位を獲得することを期待できるし、彼らの母親よりも下位のすべての個体の服従と尊敬を得ることも可能なのである。しかしアカゲザルの社会では何事も簡単にまた楽には成就しないので、彼らは自分の将来のために頑張らなければならないのである。

　そういう具合にそれは始まった。ある日、テキーラは、おばのローラを支配しようということを思いついたので、母親が他の大人たちと交渉を持つごとに何が起こるのか周到に注意を払い始めた。彼女は群れのすべての大人についてファイルを始め、誰が彼女の母親を恐れ、誰がそうでないか、彼女の母親が誰に対して敬意をもって取り扱い、誰に対してそうではないか、誰が争いに勝ち、誰が敗北するのかということを、彼女の心に刻み付けたのである。まもなくファイルはきちんと二束につみ分けられた。一つはイベッテを恐れている大人たちについてで、他方はそうでないものたちのものであった。言い換えれば、イベッテよりも優劣階層において高順位のサルの束と低順位のサルたちの束とがあったのである。ファイルが完成したとき、それは行動に移された。高位に位置づけられたファイルにある大人たちについて、大してできることはなさそうだった、というか彼女は真っ先にそう思った。しかしもう一方のファイルのサルたちに対しては手がけることがあった。彼らが彼女に払うべき敬意を払うようにしようと試みたのである。一度に1頭に狙いをつけ、ジェミマの母親のローラが最初の犠牲者となるはずであった。

それからというもの毎日、一日に何度も、テキーラはローラに喧嘩を吹っかけようとした。彼女はローラがいつもいる場所に居座って、彼女を威嚇し、母親の攻撃と援助を得られるようにひどく悲鳴を上げた。最初のうち、ローラはテキーラの行動に当惑させられていた。どう見ても彼女はテキーラを恐れてはいなかったし、このお行儀の悪い子どもにいかなる尊重のサインも示そうとはしなかった。彼女はもしテキーラに対して、受けて当然の罰としてひっぱたいたりすれば、トラブルになるだろうことを知っていた。そこで彼女は普通に振る舞うように心がけた。テキーラがあまりに厚かましいときには、ローラは彼女を威嚇し、ぴしゃりと叩きさえした。しかし、テキーラはとてもしつこく、ローラに対してどんどん金切り声をあげ、他者に対して彼女の行為に関心を引かせるようになっていった。母親はテキーラを助けにやってきてローラを威嚇したし、彼女の家系の他のメスたちも同様であった。ローラが持続的ないじめを受けて、疲れさせられたとき、ついにそのときが来た。本当にイベッテやイベッテの他の家族と戦う立場にはなかったので、ローラは自分を隅っこに追いやって、順位階層において彼女の上にテキーラのための余地をつくろうと決心した。ローラがしなければならなかったのはテキーラに対する恐れの表出をテキーラに見せることであった[13]。そしてある日、彼女はどうにも耐えられずに、そのように振る舞ったのである。その日を境に、ローラはテキーラを恐れ、テキーラに対して母親のイベッテやその他の家族に対するのと同様の尊敬を持って接するようになった。テキーラとローラの優劣関係は今ではこれを最後にきっぱりと安定したのである。

テキーラは次の犠牲者へ転じて、母親よりも低順位にいるすべての大人たちに対して、全過程を繰り返した。ついには彼女はイベッテよりもランクの低いオスの順位階層に受け入れられるようになった。ものごとはテキーラにとってまったくうまく進行していたので、彼女が最初のファイルの束の最後のカードに至ったとき、彼女はもう一方の束のカードを引き出して何が起こるのかを見ようと考えた。そこである日のこと彼女はイベッテよりも上位のランクの1頭のメスを標的にしようとした。突然大騒ぎになった。そしてテキーラはその生意気に対する高い代償を払う羽目になった。母親はテキーラが頭がおかしくなって異常な振る舞いをしたのだということを知っていたけれども、どんな方法を使ってでも彼女を助けようとした。その結果、母子ともひどく打ちのめされた。テキーラは引き出しにカードの束の残りをしまって、それ以降はそれに触れることはなかった。しかし彼女は毎日、そのカード、とりわけ女王の顔のついた一枚のことを考えていた。いつかきっと、そのときが来れば……。

マカク属のサルの子どもが順位を獲得する過程は生後1、2年に始まり、思春期と若齢の成人期に至るまで持続する。それは基本的にはオスもメスも同様である。思春期にオスは群れを離れる。もし彼らがその旅立ちを遅れさせれば、彼らは、アルファ・メスはもちろん年長でより大きなオスたちに対しては劣位であるけれども、自分の母親あるいはもっと上位の順位にいるメスたちの何頭かよりも十分に上の順位になれる。より順位の高いメスの息子たちは、ときどき、その群れの中で自分が高い地位にいると思い込む。とくに彼が大柄であったり、群れにいる大人オスを順位で追い越したりすればそうだ。生まれた群れで高い地位になるためには、オスは移出の時期を遅らせるのが良い。低順位のメスの子どもたちは階層の最下層に位置づけられるので、彼の受ける攻撃が激化することが、群れから移出させる有力な動機となるのである。

子どもたちがまさに母親よりも低いところにランクづけられることで、つまるところ母親の地位の相続人となるのである[14]。地位の相続は社会的継承の明らかな一例であっても、遺伝的な継承ではない。子どもたちは優位や劣位の遺伝子を母親から継承するのではない。この結論は、生後に非血縁のメスによって誘拐された子どもたちが養母の地位を得ていて、生物学的な母親のそれを継承してはいないという事実によって支持されている。加えて、母親が順位を上げたり下げたりしたときに、その子どもたちの順位も同様に上がったり下がったりするのである。

姉妹間の優劣関係の形成は順位の獲得過程における興味深い一面である。テキーラは、ある時点で、彼女の姉たちと争いを引き起こし、彼女らに対抗する母親の保護を引き出し始めた。姉たちは初めは優位でいようと抵抗したが、イベッテはいつもテキーラの側に立ったので、やがて順位を落としていった。母親はどうしていつも年長よりも年少の娘を助けるのだろうかという疑問は、長期にわたって研究者を悩ましていた[15]。実はわたしの学部学生の一人がかつて、それに対するとっても単純な説明をしたことがあった。それは「最年少の娘がいつももっとも助けを必要とするからに違いないでしょう！」ということであった。

母親の行動についてのもうひとつの妥当な説明は、より若いメスはより長く生存可能であって、年長のメスよりも将来においてたくさんの子どもを生むことができるので、彼らは「より高い再生産価値」を持っている、ということである。それゆえに年長よりも年少の娘を支援することによって、彼女たち自身の遺伝子が子どもたちの繁殖を通して次世代に受け継がれていく可能性が増加するように、母親たちは最善を尽くしているのだ。もう一つの大変マキャベリ的な説明は、娘たちに対して母親は権力による制御をしなければならないというものである。ここでは、母親が彼女の娘たちを他の姉妹から守るように、娘たちは、今度は逆に、母親が誰か別の娘と争っているときには母親を助けなければならない、ということを知っておくことが重要である。いつも姉妹の中で最年少の娘を手助けすることによって、母親は年長の娘がお互いの連合を形成して、母親より上位になろうとするのを阻んでいるのである。もしも母親がより年長の娘を援助したりすれば、家族内の娘たちの力は娘の数が増すごとに増加し、やがては母親に対して反旗を翻すようにもなり得る。それに対して、いつも末娘を支援するようにしている限り、年長の娘たちの力はメスの赤ん坊が生まれるたびに増加するどころかむしろ減少すること、そしてもしも年長の娘たちが母親に対して反抗しようとするときには、最年少の娘は、そうすることが彼女にとって都合が良いという理由で、いつも母親を助けるだろうということを、母親は確信するのである。

アカゲザルの群れの母系構造および母親たちがつねに他者から自分たちの子どもを守っている方法は、優位性の獲得が予測可能な形式に従うこと、および子どもたちによって獲得される順位が彼ら自身にとって予測可能であるとともに時が経っても安定していることを保証している。争いに参加する非血縁の個体たちもまた、母系の順位制度の確立と維持に貢献している。非血縁個体たちは勝てる戦い――優位な個体の味方として――にだけ介入するし、子どもたちが母親よりも低順位の大人を標的にし始めると、子どもとその母親たちは非血縁者の支援もまた受け入れる。反対に、もし子どもたちが野心的過ぎて、母親よりも高順位の大人に挑戦――ちょうどテキーラがそうしたように――したときには、他の非血縁的な個体たちは子どもたちに向かって介入するのである。非血縁個体の介入は地位の維持にとって重要なのだ。子どもたちは、母親よりも低順位の個体や自分の順位を上げるためのスケープゴートとして利用するような個体に対して、非血縁の大人によって始められた争いに、日和見的に参加するので、彼らもこのゲームの積極的な競技者である。換言すれば、彼らは順位を上げることが彼らの自由になるようにあらゆるマキャベリ的な策略を使い、最終的には彼らが属している家系が属している優劣階層の地位に到達するのである。

メスの優劣階層は長期間にわたって大変安定しているので、メスたちは生まれたときについたのと同じ順位に、たぶん死ぬまで留まっているのであろう。ある優劣階層にすでにきちんと統合されている大人のメスを巻き込む順位変動の事例はめったにないけれども、生じることがある。そのような事例ではしばしば母親と娘の間、あるいは姉妹間で順位の逆転が引き起こされる。母親と娘の間の反目は、普通は、母親が娘を叱責し、娘が恐怖で悲鳴を上げて終わるのだが、その原則も破れることがある。そんなまれな事態は、母親が高齢もしくは病気であるか、反抗的な娘に戦いを挑むには弱すぎるか、あるいはうんざりしているときに起こるようだ。反抗的な娘はアルファ・オスあるいは母親に敵対的な他の個体の助けさえも求めたりするようだ。だから勝利は娘のものとなる。姉妹間の優劣順位もまた、たとえば母親が死亡したようなときに、逆転することがたまにある。母親の存在と年長の姉に対する末娘への母親の支援がなければ、年長の姉はその大きなからだと力強さ、より深い経験といった長所で、あるいは争いを支援してもらえる多くの娘たちを持っていることで、妹たちに挑戦し、支配することができるのである。しかしながら、大半の事例では老齢の女家長の死は自動的には家系の動態に劇的な変化をもたらしはしない。娘たちと他の家系のメンバーたちはそのまま彼女たちの位置に留まり、生きていたときに確立されたおばあちゃんへの尊敬を持続している。母系的な優劣階層にはたくさんの慣性が働いている。そして、制度と戦い、規制を変えようとする野心的で向こう見ずな個体たちが、その慣性に対抗して可能性を積み上げて行くのだ。

頂点の暮らしと最底辺の暮らし

アカゲザルの群れにおいて高順位にいるか低順位にいるかということは、人間社会における金持ちなのか貧乏なのかということと同様のことあるいは権力があるのかないのかということと似ていなくもない。生存が危ういとき、金持ちであるか貧乏であるかは生か死かというくらいの違いがある。明らかにニューオリンズの市民全員が均一に巨大ハリケーンのカトリーナに襲われたわけではない。年配者と貧乏人がたくさん死んだのである。アカゲザル社会では、優位者たちはいつもビジネスクラスで、劣位者たちはいつもエコノミーで旅をしている。そしてもし飛行機便が過剰に予約を受け付けていたら、その飛行機から下ろされるのは劣位者である。劣位者は最後にしか食べられないが、真っ先に捕食されるように出来ている。全員にいきわたるだけの十分な食物がないとしたら、優位者が腹いっぱい食べて、劣位者には何も食べ物を残さない。もしトラが襲ってきたら、ひょっとすると低順位の個体が最初に食べられるだろう。というのは彼らはしばしば彼らの群れの端っこに追いやられているか安全でないところで眠っているからである。

順位が生死を分けるというほどには状況が極端でなければ、順位が生活の良し悪しを違えるくらいのことはある。低順位のサルたちはより多くの攻撃の標的にされるので、怪我をさせられる危険性はより高くなる。彼らは攻撃を避けるように巧みに立ち回ったとしても、絶えず背後を見たり、他のサルたちのすべての動きを探っていなければならない。低順位は慢性の緊張と同義語であるといえるが、例外もある。かなり多くの高順位のサルが彼らの力を維持しようとして、さらには鉄拳で他者を支配しようとして、彼ら自身の気が休まらないのである。少なからぬ中程度の順位にいるサルたちも同様に、上から受ける攻撃と下を支配する必要によって、さらに彼ら自身の階層を上昇しようとする野心と努力によって、強いストレスを感じている。反対に、ストレスの劇的な兆候なしにその状況を受容しているように見える低順位のサルたちが存在する。全般的には予測不可能なことはストレスを引き起こさない。一方で、予測可能性は争いを乗り切るために日和見主義を提供する。それゆえに順位が不安定な個体は、どんな階層に属していても安定した順位にいる個体よりもいっそうストレスを感じるのである。霊長類生物学者のロバート・サポルスキーはこれがヒヒでも同様であることを示している(16)。

高順位のサルは、それでも、劣位のサルには決して選択できないけれども、どんな上位のサルにも可能な特権と役に立つものをもつことで、優位であることのストレスを埋め合わせることができる。群れを支配するものたちにとって力の報酬は、したいことは何でも、何時でもいかようにでも楽しむという機会があるということである。それではアカゲザルがしたいことってなんだろうか？　うまい食物で腹を満たすことなのか、彼らが選んだお目当ての相手と何時でもセックスすることなのか、涼しい場所でたむろしている（たとえば、暑い夏の日に日陰に座っているとか、最上の場所を提供されて眠っているとか）ことなのか、健康で生意気な赤ん坊をたくさん育てることなのか、はたまた絶え間ない注意と毛づくろいを他の個体からしてもらうことなのか。もし新しい芝居が上演されれば、順位の高いサルたちは最前列の座席で見たがる。もし新しいおもちゃが見つかると、彼らは最初のそれで遊びたがる。彼らは低順位のサルが持っているものなら何でも欲しがるのであり、低順位のサルの楽しみを全部、彼らから取り上げてみたいと思うのだ。結局そしてもっとも大切なことは、気分が乗ったときには何時でも劣位者をおびえさせ、いじめるという特権が欲しいのである。

たいていの場合は、高順位のアカゲザルは、彼らの気まぐれで、ものでも、場所でも、他の個体でも欲しがり、うまく要求し、独り占めして、自分のものとする。それらのいくつかはささいな、つかの間の楽しみのように見えるのだが、彼らは意義のある結果を持つことになる。たとえば、高順位の母系に生まれた若いメスは、普通は、緊張を強いられることなく、たくさん、うまいものを食べるので、低順位の家系の娘たちよりも、より早く性成熟に達するのである。低順位のメスが隔年にしか赤ん坊を生まない間に、高順位のメスはしばしば毎年、新生児を出産する。低順位のオスがほとんど交尾できないにもかかわらず、高順位のオスは発情期の全期間中に何度でも交尾をすることができる。最終的には高順位の個体は低順位の個体よりも長生きできるようだ。

低順位のサルはしばしば残り物を食べることさえ咎められるが、たいていは「代替戦略」と呼ばれる方法で一切れのパイをうまく手に入れることができる。欲しいものをめぐって高順位のサルたちと直接的に競争する代わりに、必要なものを手に入れるために彼らは他者を惑わし、回り道の方法を辿るのである。たとえば、低順位のサルは、食物を見つけたら、いかに静かに、誰にも告げずにいるか、あるいは優位者が見ていない間に、いかにすばやく食べるかを学ぶ。劣位者のオスは藪の陰に隠れてアルファ・オスの監視を逃れて、交尾することを学習するし、劣位のメスは優位なメスがアルファ・オスの毛づくろいに忙しい隙に彼女の赤ん坊を誘拐し、いじめ、苦痛を与えることを学ぶのだ。これらの代替戦略の結果、多くの低順位の個体は健康な生活を保ち、もしそうでなければ持てなかったくらい、優位者のようにたくさんの子どもに恵まれるのである。さらに、劣位者は彼らの順位を高めるためにあらゆる機会を利用する準備が何時でもできている。アカゲザルのオスにとっては低い優劣順位は生活上の特定の時期に付随する一時的な状態であるに違いない。オスたちは生活の中で何度も順位を変化させる。彼らが頂点までたどり着くかどうかは、彼ら自身にのみ係っている。メスたちも、オスたちがそうであるように、日和見主義的で熱心に階層を登るのだが、母系的な社会構造の制約があるので、アルファ・メスになるというようなシンデレラの夢はめったに成就しない。アカゲザルの世界では、私たちの世界にあるような奇跡は起こらない。ときたま、力を掴んだ個体がその生活を変えるように革命を開始することはあるけれど、彼らの大半の生活は永遠にそのままなのだ。

V　戦争と革命

よそ者嫌い

人間は自分自身とよく似ている他人を好むが、違って見えたり、違う振る舞いをするようなものたちを嫌うという生来の傾向を持っている。心理学者たちはこの現象を「内集団」対「外集団」の行動とよぶ[1]。人種差別主義は外集団行動の一例である。私たちはいつもよそ者をいくつかの集団に割り振るが、しばしばこれらの集団は私たちの心にだけ存在する。集団間の実際的な差異が存在することが時々はあるにしても、それらは無意味なくらいに小さい。生物学者たちは遺伝的な違いや形態学的な違いを基礎として動物を異なった種に分類する。生物学者たちの基準を用いるなら人種の概念の根拠はよくわからなくなり、皮膚の色やその他の些細な特徴などを別にすれば人種に分けられた人々は生物学的には大変よく似ていて、疑う余地なく同一種に属するものである。不幸なことに、人間のこころがある種の方法で働く傾向を持つときには、事実はそこまで不都合なようには見えないものである。違って見えたり、違う振る舞いをするような人々を受け入れることは、ひとりでにできるわけではない。私たちはそのことについて教育されなければならないのだが、教育をもってしても差別の喜びはひろがってしまいさえする。人種差別主義を根絶することが大変困難である理由は、人種間の差異が、たいして意味のないことであるにもかかわらず私たちの前面につねに存在するということである。

よそ者に対する生理的嫌悪感は、珍しいものへの恐れ、あるいは私たちが新しいもの嫌いと呼ぶもののようには単純ではない。それはもっと特殊なにものかであって、他の人々にのみ向けられ、それゆえに言葉どおりなのだ。その用語はよそ者嫌いである。よそ者嫌いが何であり、それが何をするのかを知るためには、私たちは人類史を見つめ、大陸を異にする人々がお互いに接触するたびに何が起こったかを知るだけで十分だ。最初の反応はいつでも他者を絶滅させようとするか奴隷にしようとするというものであった。同じ大陸に住む人々の間でさえ、他者を内集団か外集団に分類しようとする傾向が手に余り、戦争へとエスカレートするという恐れがつねに存在するのである。オーストラリア人がそれまで村人のだれも見たことがなかったヘリコプターでニューギニアの村の真ん中に初めて降り立って、村長にそれに乗るように申し出たとき、村長は熱狂的にそれを受け入れたが、直ちに大きな岩を拾い上げた。その岩をどうするのかと尋ねると、彼は部族の隣人たちの頭上に投げ落とそうとしているのだと答えた。(2) これは明らかに新奇なものへの恐れよりもよそ者嫌いがいかに強力であるかを示す一例である。

人々と同様に、アカゲザルはよそ者を好まないし、彼らのよそ者への最初の反応は恐れと攻撃である。アカゲザルが自身の姿を初めて鏡の中に見出すとき、彼らが見るのは、これまでに見たことがない1頭のアカゲザルである。鏡の中のよそ者は彼らをじっと見詰めていて、映画「タクシー・ドライバー」のロバート・デ・ニーロのように、鏡に向かって「何とか言えっ！　返事ぐらいしろっ！」と金切り声をあげながら反撃するのである。彼らは突然怒り出し、鏡の中の自分自身をひっぱたき、噛みつこうとする。チンパンジーが鏡の中に自分自身を見たときには、最初は当惑するが、やがて彼らの大多数は自分自身の像を見ていることを学習し、体毛をつまんだり歯をきれいにしたりすることに利用し始めるのである。研究者たちは長年にわたってアカゲザルを鏡の正面に置き続けてきたが、これまでのところ誰も自己認識の明確な兆候を示してはいない。(3)この違いについての可能性のある説明は、アカゲザルがチンパンジーほどは利口ではなく、自己認識に必要な認知的技能をもっていないということである。もうひとつの説明は、アカゲザルは単純に、鏡が彼ら自身の像を映し出すと理解するにはひどくよそ者嫌いで攻撃的すぎるのであるということだ。換言すれば、アカゲザルはよそ者を嫌い、よそ者からの威嚇に恐怖か攻撃性で反応する強い傾向があるので、鏡の中で自分自身の像に直面したとき、そうした衝動をおさえることができないのだ。それは、彼らが鏡の中に彼ら自身の像を見ているのだということを学習することに十分なくらいには利口でないということではない。彼らはあまりにもよそ者嫌いで、攻撃的なので、鏡が何であって、何がどうなっているのかということを学習する機会を彼ら自身に与えることが出来ないのだ。

よそ者がやって来るときに、よそ者嫌いの唯一の例外は性的な関係においてである。人々は内集団のメンバーとデートし、結婚しようとする傾向を持つけれども、男も女もしばしば外集団の人間に惹きつけられ、彼らと思いがけない性的関係を喜んで持つことがある。とてもよく似たことがアカゲザルにおいても同様に起こる。繁殖期になると、外からやってきたオスたちが群れに接近し、メスたちをおびき出して、交尾しようとする。もしオスたちが1年のうちで、赤ん坊が生まれるような、具合の悪い時期に同様のことをしようとすれば、群れのすべてのサル、とりわけ赤ん坊を持つメスたちから強力なよそ者嫌いの反撃を食らうことになるだろう。しかしながら6ヵ月後には、メスの体内での性ホルモンの高まりが脳内で何かを操作し、これらのオスたちに対してとても違った態度を身につけるのである。だしぬけにメスたちはオスたちの誘惑に喜んで応じて、子供たちの悲鳴を置き去りにしたままで駆け落ちし、藪の後ろでオスたちと交尾して、数分あるいは数時間後には何事もなかったかのように群れに戻るのである。彼女たちはその経験を好むので、時にはその恋人たちが彼女らについて回り、群れに加わるように仕向けることがある。明らかに群れ間のオスの移動の過程は何千年、おそらくは何百万年もの間生じていたことで、オス、メス双方がそれと対処するように十分に準備してきたことなのである。

オスと違ってメスのアカゲザルは普通、群れ間を移動することはない。そこでもしある日、正気でないメスが移住しようと決心するとしたら、あるいは飼育下でメスの移住——それは人間が群れからメスを連れ出して別の群れに入れるということだ——が人為的に行われるとしたら、それがどんな時期であっても誰もそのメスを助けるための生物学的性癖を持ち合わせていない。あなたが得るのは最高のよそ者嫌いの反応である。アカゲザルの変化に抵抗する母系的社会構造と優劣階層によって、事態はより悪化する。メスがアカゲザル社会に加入する唯一の道は出生を通

図 7. 観察者を脅している大人のメス（撮影：ステフェン・ロス）

図 8. 支援を求めるしぐさとして尻尾を上げながら他の個体を脅している大人のメス（撮影：ダリオ・マエストリピエリ）

しかなく、彼女の家系メンバーの絶え間ない支援と助力を受けることである。規則を破って他の方法で群れに加わろうとするようなどんなメスも高価な代償を払わされるだろう。一か八かの賭けは他のメスに攻撃され、殺されるという結末をもたらすだろう。

大人のオスはメスと同様によそ者嫌いであるが、もし交尾期のさなかに新しいメスが群れに加わったとしても、おそらく彼らはそれに反対はしないだろう。彼女は彼らと交尾する可能性のある別のメスなのだ。だが、群れにいるメスたちに対して、新入りのメスはまさに競争者であって、不幸なことに彼女には助けてくれる家族も仲間もいないのである。新入りのメスが群れへの参加に対して受ける攻撃に生き残るとしたら、最下層で優劣階層に加わることとなるだろう。すでに群れの中で最下位にいるメスたちはこのようなケースを確かめてみようとするだろう。群れの最下位のメスたちは、実際、新入りを直接攻撃し、何日も何週間も何ヶ月も他のみんなが飽き飽きしてしまった後もずっと新入りを苛め続ける。これは、彼らが、ついに優位に立つことのできる誰かを持ち、最下位の階層生活で抑圧してきた攻撃性と欲求不満のすべてを発現させる機会を得るためである。新入りのメスはまた、下位のメスたちにより高位のメスたちと連合を形成する機会を与えるし、下位のメスたちが攻撃され、最終的にはスケープゴートにされる機会を回避させることとなるのである。アカゲザルの群れに新入りのメスを導入するというのは良くない考えであり、実行されるべきではない。しかし、群れの最下位のメスたちにとってはこれまで起こったことの中で最良のことなのである。

戦争

メスのアカゲザルはメスたちだけでうろつきまわったりはしないので、ある日、新しいメスが群れの近くに姿を見せたなら、彼女の背後には別の群れがいるに違いない。これはただひとつのことを意味している。戦争だ。アカゲザルの心にとって他の群れとの出会いは竜巻の到来のようなものだ。群れの他個体について、オスかメスか、血縁か否か、低順位か高順位か、仲間か敵対者か、というように分類することに費やしてきた人生の仕事が、すぐに意味のないものになってしまうのである。おのおののアカゲザルが根気よく毎日毎日、毎年毎年、テーブルの上に積み上げてきたすべてのカードが即座に切り直されるのである。血縁や順位は消去されてしまう。テーブルの上には別の一組のカードが置かれ、その一組もまたジャックやクイーンやキングのカードを持っているのかどうかも分からない。カードの背景は違って見える。私たちのカードは青だが、彼らのは赤だ。そこにはまさしく外集団がいるというときに、ここには一群れの内集団がいるだけだ。やつらに対してのわれわれだ。まわりのみんなが嫌っている内集団にくっついた低順位のアカゲザルの一匹狼でさえも、即席の愛国者となる。アカゲザルの血に含まれるよそ者嫌いの一滴一滴が、戦争のための燃料に変換される。悲惨な生活を越えた劣位者たちの憤怒は、その外集団行動に自然な表現を見出すのである。群れは決してそんなに結束したものではないが、彼ら自身を本物の軍隊、戦争マシンへと変えるのだ。

野生のアカゲザルで集団間の出会いが稀なのか頻繁なのか、それはまだ十分には研究されていないので、私たちには分からない。彼らに関して私たちが知っていることのすべてはカヨ・サンチャゴのアカゲザル・コロニーからのものである。この島のいずれの群れも他のすべての群れと時々出会っているし、互いに戦っていた。群れ同士が互いに優劣関係を持っている。それはちょうど個体間がそうであるようなものだ。優位性は群れ間でも、個体間と同様に働く。違っているのは群れ間では大きな群れが小さな群れよりも優位であるというように単純であるということだけだ。小さな群れはできるだけ優位な群れの行く手に関わらないようにしようとする。島で食物が投げ与えられたときには、最上位の群れが最初にありつく。そして他の群れはそのあとだ。さまざまな群れがお互いにうまくいくための一定の配食スケジュールがあるので、それぞれの群れは順位のちょうどひとつ上の群れが食べ終わるまで待っている。彼らにとって不運なことは、低順位の群れの食事内容はいつも同じで、食べ残しなのである。優位な群れはまた、島のなかでもっとも快適で景色の良いところを根城にしている。彼らは道路を歩き、芝生で横になり、景色を愛でながらくつろいでいる。劣位の群れは岩やがけをよじ登らなければならないし、藪の中で眠らなければならないのである。

食事のスケジュール調整やカヨ・サンチャゴのサルの通行を調整するような移動ルートがあるにもかかわらず、交通事故は発生する。劣位の群れが予定より5分早く昼食場所にやってきて、優位な群れがまだそのレストランに居残っているようなときには、あたりに漂う緊張はナイフで切り裂きたくなるほどひどいものである。以前にこうしたことを見たことのある年長の劣位群のサルたちが、落ちつかせるように、みんなに告げる。「われわれはまだそんなに腹が減っているわけじゃない。われわれのご馳走はたぶんまだ準備できていないのだよ。なにか飲み物でも飲んでからまた来よう」。でも遅すぎたのだ。物事がうまくいかないことを教えてくれるマーフィーの法則は過去の進化史に則っていて、アカゲザルは私たちよりもずっと前にそれを発見したのだ。つまり、道を誤れば、どんどん悪い方向へ行くのである。誰かがなにか愚かなことをする思いにとらわれると、ひどいことを引き起こすことになる。そうだから、ことは起こるのである。劣位の群れの1頭の赤ん坊が他の群れの赤ん坊と一緒に遊びたいとしたら、厄介な食物問題に巻き込まれて、直ちに大人のメスたちによって叩きのめされることだろう。1頭の優位な群れの若くてセクシーなメスが他の群れの劣位のオスの1頭が魅力的に見えて、彼にセックスを迫る。そのオスの母親は息子が性交渉を完了してからそのメスを威嚇しようなどとは思わない。突然大騒ぎになる。それぞれの群れの2、3頭のメスたちが悲鳴を上げて喧嘩を始めると、まもなく彼女らは群れの残りのメンバーを呼び集める。二つの群れはそれぞれの闘争体勢を取る。大人のオスたちと赤ん坊を持たないメスたちは前線にいて、幼い赤ん坊を持ったメスたちがその後方で用心しながら叫び声を上げている。彼女らが後方にいるのにはつじつまの合う理由がある。私はかつて、赤ん坊を持った1頭のメスが別の群れとの戦いの中に身を投じたのを見たことがある。だが、戦いの真っ最中に彼女の赤ん坊は奪い取られてしまって、空中に放り投げられ、他のサルたちに踏みつけにされてしまったのである。小さな群れでは赤ん坊を持つメスたちもその母親や姉妹たちと一緒に戦う。しかし他の群れのオスもメスも彼女らに対して集団で襲いかかるので、群

図 9. 喧嘩の練習：3 頭の子どもの間で繰り広げられる乱暴に転げまわる遊び（撮影：ダリオ・マエストリピエリ）

図10. カヨ・サンチャゴで一緒に採食している同じ群れのサルたち（撮影：ダリオ・マエストリピエリ）

れの大人のオスたちは対決の矛先を引き受けるのである。喧嘩の大半は悲鳴と威嚇音であるが、身体接触が起こったときには、噛みつき、取っ組み合いは深刻なものとなり得る。戦いは数分で終わることもあれば、数時間に及ぶこともある。結局は劣位の群れがゆっくりと優位の群れから離れるか、あるいは優位な群れに水中に追い落とされるのである。もしカヨ・サンチャゴの劣位の群れで生きているのなら、水泳が上手なほうが良いだろう。

殺すか否か

カヨ・サンチャゴでは、群れ間の戦いの犠牲者は滅多にいないが、インドの森林ではもっとひどいことになっているようだ。そこではいつもみんなが怒っているわけではなくて、みんな腹をすかせているのである。たくさんの犠牲者を伴うようなアカゲザルの群れ間の戦いは実際にどこででも観察されるわけではないが、おそらく起こっているに違いない。犠牲者を伴うような戦争とそうでない戦争の違いを生み出す原因は、互いの群れがそれまでに出会ったことがあるか、そして戦ったことがあるかどうかということである。これは彼らがそれまでに優劣関係を確立しているかどうかということであり、その関係がどのように安定、または不安定であるかということに係っているのである。群れが初めて出会ったときには、マカクザルたちはよその群れの個体を殺してやろうと思っているように見える。だが一方で、群れ同士が過去に戦ったことがあって優劣関係が安定しているときには、犠牲者は稀であるか、あるいは存在しないのである。これらの状況の間の違いについてのひとつの説明は、過去に出会ったことのない個体に対するよそ者嫌いの反応のほうがそれよりはなじみのあるものへの反応よりもずっと強力であるというものだ。別の種類の説明は、先の説明とまったく矛盾しないものであるが、死をもたらすような攻撃のもつ代償と利益を考慮しなければならないということである。その理由づけは個体間あるいは群れ間での戦いにそのような考慮を適用するかどうかということと同じである。

アカゲザルは外敵から身を守ることのできるような群れの中で生活し、食べ物や生活場所をめぐって他の群れと争っている。アカゲザルの世界では力は数なりなのだ。優位者は群れの中の劣位者を殺したりはしない。なぜなら、彼らが必要だから。劣位者は他の群れとの争いで激しく戦い、トラが襲ってきたときには真っ先に食べられてくれるから、劣位者は貴重なものなのだ。優位者は何時でも劣位者をいじめ、脅かしているが、怪我をさせたり死に至らしめたりすることのないように気をつけている。さもなければ優位個体はその行動の対価を払わねばならない。必要な誰かを失うということは致死的な攻撃の一種の代償なのである。優位者がその力を保ち続ければ続けるほど、そして優劣関係が明確であればあるほど、劣位者たちは生かされ続けるし、さらにいっそう優位者たちのためにあらゆる不愉快な仕事をさせられるのである。

優位な群れは本当のところ劣位の群れを必要としないのだが、誰が優位で誰が劣位であるのかがはっきりすればするほど、他の群れを絶滅させようとする意味がなくなるということがある。アカゲザルはまだ大量破壊兵器を発明してはいないし——あるいは少なくとも私たちはまだそれらを発見していないのだが——、そこでもし優位な群れのサルたちが劣位の群れのサルたち全部を殺そうとしたら、その過程で彼らが怪我をさせられてしまう危険性があるだろう。深刻な怪我や死亡といった攻撃者側の危険性は致死的な攻撃のもうひとつの代償である。もし複数の群れが食物をめぐって争うとしたら、どんなわずかな食事も仲間のサルたちを殺そうとする危険を冒すほどの価値はない。優位性は手を汚すことなく同じ食事を引き渡させることを可能にしている。必要なのは、若干の攻撃性だけである。その結果、群れ内と同様に群れ間において、優位性と結果としての地位を維持する。本質的に優位性とは力のある個体によってでっち上げられた策略なのだ。それによって代価の支払いなしに、あるいはほんのちょっぴりの代価で攻撃の利益を手に入れるのである。

カヨ・サンチャゴにおけるアカゲザルの群れ間の優劣関係はうまく出来上がっていて、安定している。島で起こる交通事故も稀に地位を変化させるだけだ。カヨ・サンチャゴにおける群れ間の戦争では稀に犠牲者が出るのだが、その日に殺されるサルが同じ群れの個体か別の群れの個体かということにはほとんど意味がない。最初にカヨ・サンチャゴにアカゲザルが到着したときには、事情はまったく違っていた。インドで捕獲された何百頭ものアカゲザルが島に一気に投げ出されたときに、大殺戮があったのだ。

最初のうちはどの個体もどの群れも出会っては争うのだが、それは乏しい食物をめぐってではなく権力のためであり、それもあれこれの食物を得るための権力ではなくて、これからの生活のためのすべての食物に関する権力である。競争は激烈を極める。戦いに勝利することの潜在的な利益は劇的に上昇し、それにつれてサルたちが支払う代償と勝利を手にするための危険性も上昇するのである。繰り返して言うが、すべては結局のところ経済の問題に行き着くのであり、サルたちは優良な経理士なのだ。二つの群れが最初に出会ったとき、彼らは優劣関係を打ち立てなければならない。そしてアカゲザルの世界では力の構造がとても安定しているので作られた優劣関係は大きくて長期的な価値を持つ。私が知るところでは、これまで出会ったことのないアカゲザルの二つの群れ間の最初の戦いを、誰も観察したことがない。が、私は双方にたくさんの犠牲者を出すような争いなのではないかと予想している。カヨ・サンチャゴで最初にアカゲザルたちが放たれた日に、彼ら全員が誰よりも優位になるために戦って、その過程で相手を殺したか、自らの死を招いたのであった。

アカゲザルの世界に二種類の攻撃が存在することは今ではもう明白なことである。優位性を確立するための攻撃とそれを維持するための攻撃である。優位性を確立するための攻撃はそれまでに出会ったことのない個体間や群れ間で起こり、致死的になり得る。なぜなら、アカゲザルは優位になるために相手を殺そうとするか、その過程で自分自身が死に至るからである。もうひとつの攻撃は以前に出会って戦ったことのある個体間あるいは群れ間で生じるもので、彼らの力を維持し、強化するために優位者によって使用される攻撃である。ときどき、この種の攻撃の経過において劣位者が優位者に対して抵抗したり、少し反撃しようとするかもしれないが、そういう場合にはさらに軽い小競り合いが続く。このようなことは、争いが食物をめぐって行われしかも劣位者がひどく空腹であるような場合、あるいは劣位の群れが他の群れから赤ん坊たちを守ろうとするようなときに起こる。しかしながら、そんな争いはひとつのことがらや1頭のサルをめぐっ

図11．どのように戦いは始まるのか：2頭の大人のメスが他の群れのメスに立ち向かっている（撮影：ダリオ・マエストリピエリ）

図12．争いの拡大：単独であったメスが彼女の群れの他のメスに支援されている．大人のオスと子どもはすでに干渉し始めている（撮影：ダリオ・マエストリピエリ）

てのことなので、殺したり殺されたりするために戦うほどの価値はない。

劣位者たちにとって死に至る戦いをすることは、もしその戦いが物や個体もしくは状況といったなにか特別なことについてでなくて、優劣順位を変えるようなことについてであるなら、価値のあることだ。これは優位性を転覆させるような攻撃、つまり第三の種類の攻撃である。この攻撃では、利害が同じく高いので、優位性を確立するための攻撃と同様に致死的であるに違いない。この種の死に至るような攻撃はこれまでに出会ったことのない、まだ優劣関係を持っていないものの間には存在しないが、過去に出会ったことがあり、すでに優劣が確立している個体間や群れ間で見られるものである。その戦いは両者の優劣の確立ではなく、優劣の変更のためのものである。だからそれは戦争というより革命なのだ。

革命

優位な階層によって低順位の人々が服従させられ、食い物にされるような階層組織を持っている人間社会と同様のアカゲザル社会の構造について当惑する疑問は、「なぜ劣位個体はその集団を去ってどこかよそへ行かないのか?」ということである。アカゲザル社会では、オスは習慣として自分の群れを離れるが、おそらく劣位者であることが性成熟のあたりでオスの移出の過程を促進する、あるいは一生の後半で群れから群れへ二次的に移動する。しかし、どうして劣位のメスはオスと同様に群れを離れないのだろうか。どこかよそのほうが良い生活が送れそうなのに。

低順位のメスたちは群れで暮らすことで、高順位のメスたちと同様に利益を得ているのである。そして群れは、捕食者から防御したり、他の群れと食物をめぐって争ったりするのに適したある程度の大きさであることが必要なのである。劣位のメスは、もし群れを出たり、彼ら自身を守ったり、他の群れと効果的に競争するには小さすぎる家族群でいるとすれば、たくさんの面倒に巻き込まれることだろう。群れがある個体数を超えて成長した時には、群れを十分な大きさのある半分（通常それは百頭以上）に分割することで二つの群れになるように、分裂が起こる。そのような群れの分裂の後に、優劣階層の上半分の母系は一方へ移動し、彼ら自身の集団を形成し、下半分の階層の母系は異なった道を選んで別の群れを形成する。[4]分裂前に中位にいたサルたちのうちで上位にくっついた半数は分裂の利益を得られない。というのは、彼らは新しい群れの最下層になるだろうから。そして下位にくっついたもう半分の中位のサルたちはもうひとつの群れでトップの地位の母系集団となるだろう。

飼育下の放飼場で生活する群れでは、劣位者たちはどこにいてもよいとか、優位者の嫌がらせに抵抗を示すような選択の余地はない。しかしながら、彼らの忍耐でさえ、限界がある。その限界に至ったときに、その結末はフランス大革命あるいは霊長類学者の用語で言うところの母系順位転覆というようなものになる。[5]彼らの革命の間、ひとつあるいはそれ以上の母系のメンバーは、ひとつあるいはそれ以上の、より上位の家系の構成員を激しく攻撃するし、流血の闘争の後に彼らは順位を転覆し、結局は彼らの地位を上昇させるのである。優位者たちはフランス王のように断頭台に上らされたり、裁判を受けるわけではないが、それ以外の同様に暴力的な方法で殺されるかもしれない。アカゲザルの母系順位転覆とフランス大革命のそれ以外の主要な違いは、アカゲザルでは革命は完全にメスの仕事なのだということである。革命はメスたちによって他のメスたちに抵抗するよう先導されて群れ内のメスの力の構造を変革するに至る。大人のオスたちは一般的にはこのような革命に巻き込まれないし、転覆に巻き込まれた母系の一員（それは彼らがまだ若くて移出していないということだ）でない限り、また母系間の戦争が勃発したときに戦いに巻き込まれるほど無分別でない限り、彼女たちに影響されることもない。

母系順位転覆は一つないしそれ以上の母系集団の一員が突然、協調して自分たちよりも上位の一つあるいはいくつかの母系集団のメンバーを攻撃することで始まる。多くの事例では、攻撃された母系集団というのは群れの中のトップランクの母系家族たちであるか、最上位とその次に位置する家系が一緒に標的にされていて、攻撃者たちは中位に位置する母系あるいはそれよりちょっと下にいる家系なのである。荒々しい戦いが数時間、稀には数日にわたって続くことさえあり、攻撃されている母系のメンバーたちが反撃するのを止めて、死んでしまうか新たな状況を受け入れて攻撃者に対して服従的な行動を示すようになると、その戦いは終わる。母系順位の転覆が成功した後に、転覆されたほうの生き残りたちは攻撃者たちよりも下の家系順位に転落するのであって、いくつかのケースでは完全に優劣階層の最下位になってしまう。

戦争や革命の間に人間は他の人間に対する痛ましくて残虐な、正常な生活では思いつくことさえできないような行為を犯す。同じようにアカゲザルのメスたちによる家系順位転覆期間の行動は、彼らが日常生活でしているどんなものとも劇的に違ってしまう。攻撃や喧嘩はアカゲザルの群れで毎日起こっているが、ひどい怪我を負うケースはわずかである。群れ内の仲間間の攻撃の大半は身体接触を伴わない脅しや追い回しを含むものであるか、ひっぱたきや噛みつきが起こる場合でも彼らは体の怪我をしやすい部分ではなくて、たいていは背中を狙うだけである。それは相対的に怪我を負わせないような定型的な行動パターンを含んでいるので、動物行動学を学ぶ学生はこれを「儀式化された」行動と呼ぶ。しかしアカゲザルは、儀式化された攻撃からほんのわずかな時間で他のサルを殺すほどのひどい攻撃に容易に切り替えることができる。アカゲザルが殺しのために攻撃するときには、顔や外性器、腕や足、あるいは指やつま先のような体の中で傷つきやすい部位――それらは脂肪や筋肉の厚い層で防御されていない――を噛み、これらの噛みつきが大量出血で命とりあるいは一生癒えない損傷をもたらすのである。家系順位の転覆が終結したあとには一般的に地面に横たわった多少の死体とたくさんの血だらけで体の一部を失った個体たちが残る。

この戦いがどうしてそんなに致死的であるのかということに対する漠然とした理由として、この種の攻撃には代償と利益、とりわけその戦いにおいて何をかけるのかが伴うということを考えなければならない。しかしながらアカゲザルは明らかに何をかけているのか考えているわけではないし、彼らの攻撃の代償と利益を頭で計算するのに没頭しているわけでもない。そうではなくて攻撃されている個体たちが通常は争いを終結させるためにするような服従的な徴候を示さないから、戦いが深刻な暴力にエスカレートするのである。攻撃に曝されている家系のメンバーたちは、かつては打ち負かしていた、そして彼らに対して恐れと服従を示していた個体たちによって攻撃されているのである。もし彼らが攻撃されているときの感情を経験しているならば、おそらくそれは恐怖感ではなく驚きや憤慨であり、そして彼らの直接的な反応は反撃することである。しかし順位の転覆と結合した戦いは激しく長いだけではなくて、日常の喧嘩とは質的に異なっているのである。動物行動が特殊な意図によって動機づけられていることを証明するのはいつも困難であるけれども、アカゲザルのメスはあたかも殺すという動機を持っているかのようだ。攻撃の類型における同様の違いは、チンパンジーのオスが、自分の集団の他のオスたち――彼らはしばしば兄弟である――と戦うときや、あるいは他の集団のオスたちと戦って彼らを殺すときに観察されている。ある事例では、彼らは周りにいる他個体を叩いたり押したりするだけであるが、それに対して別の事例では、攻撃者は敵の顔や外性器に噛みつき、あるいは身体を引き裂くのである。

目的達成に失敗するような母系順位転覆の試みの例もあるに違いないが、知られている限り大半の転覆は成功している。もっとも転覆に失敗した事例は人間によって記載されていないかも知れないので、わかっていることは一部に過ぎない。むしろ、全面的な家系順位の転覆は成功しそうなときにだけ起こる可能性がある。群れの個体数の増加は社会的な不安定を生じさせ、母系順位転覆の危険性を増すのである。死亡や比較的短時間で数頭が集団から人工的な移動をすることで、最優位な母系または最優位な母系と二番目の母系との連合が、中位の母系集団に比べて個体数を減少させると、母系順位転覆が群れ内で生起する。優位な母系集団は一般的に大きく、低順位の母系よりもたくさんの大人メスを含んでいる。だから他の母系集団と戦争が突然起こったときに大勢の有能な戦闘員を手伝わせる力や能力をもっている。もし家母長であるアルファ・メスが死んだり、病気になったり、あるいは何頭かのメンバーが有効に戦うには年をとりすぎていたり、病気であったりしたら、優位な母系集団もまた弱められて挑戦されることがあるかもしれない。アカゲザルの大きな群れを調べている研究者たちは、アルファ・メスや数頭のサルが彼らの群れから移動することが母系順位の転覆につながるとても危険なことなのだということを知っている。

しかし正確には何が転覆のきっかけとなるのだろうか？　中位あるいは低位の母系集団のメンバーたちはそれぞれの群れの大きさや人口学的な構造、あるいは優位なメスの健康状態をつねに把握しているのだろうか？　そして好適な状況を感知したときに革命の計画をすばやく考案するのだろうか？　おそらくそうではあるまい。アルファ・メスの死亡や消失が他の群れのメンバーに知られずにすむなんてことはありそうもないけれども、転覆にとっての好機だと意識して見られているなどということもなさそうだ。もっと一般的には母系順位転覆がマカクザルの革命家たちによる合理的で意図的な計画を伴っているというのもありそうにはない。アカゲザルは、意図的な考えに長時間を浪費することなく、蜂起するときには社会的向上の好機を利用するようにあらかじめプログラムされている。転覆のための潜在的な好機がアカゲザルの群れの生活において毎日起きているのだろう。なぜなら毎日、一つの母系集団のメンバー、とくに思春期の子どもたちの間で、また他の母系の子どもたちとの間で反目があり、その反目は二つの母系のすべてのメスたちを巻き込んだ激しい戦いにエスカレートさせる可能性があるのだ。それでも通常は、優位な母系集団が権力を強く掴んでいるときに、このエスカレーションは起こらない。というのは、アルファ・メスと彼女の家系メンバーたちがすばやく彼女らの血縁を支援し、効果的に争いを終結させるからである。しかしながら、もし支援が来なかったり遅れて効果がなかったら、両者の子どもたちの反目は彼らの家系間で大きな争いへとエスカレートするだろう。そして、より低い地位の家系のメンバーが勝利への手腕で信頼を得るのである。バディの事例では、麻酔からまだ十分に回復していなかったときに群れに再移入された未熟なオスが、1頭もしくはもっとたくさんの個体に弱点をさらけ出し、攻撃への適切な反応を欠いたことが、他のサルたちの激しい攻撃を顕在化させたのだろう。それゆえに、最上位に位置する母系集団のメンバーが、子どもたちやどんなメンバーであれ何時でも誰でも適切な防御に失敗することは、潜在的に革命の引き金となるのであり、彼らの転覆、時には死をもたらすだろう。

地位を転覆させられた個体が殺されるか、生き延びて群れのメンバーに許容されるかどうかは、彼らが新しい状況を快く受け入れ、支配家系に対して従属的な行動を見せるかどうかに係っている。ある個体は比較的すばやく彼らの行動をうまくあわせる、だが一方では、殺されるまで必死で戦い続けている他の個体もいる。これらの反応の違いは、過去の優劣順位や年齢よりももっと個体の個々の性格によるものだと思われる。たとえば、地位を転覆されたにもかかわらず死ぬまで必死に戦ったアルファ・メスの事例や、力の逆転を受け入れて転覆の後も何年も同じ群れで、最下位のグループではあるけれども、生き続けたアルファ・メスの事例が知られている。

秩序の崩壊を上手に生き延びるには、かつての優位なメスであったときとは行動を劇的に変化させることが必要だ。このメスは優劣階層の最上位ですばらしい生活を過ごしていたかもしれないし、群れの中で威張り散らしていたかもしれない。まったく突然に、群れの中で他の全員を恐れなければならなくなり、これまでお気に入りの犠牲者だった個体から威張り散らされることを容認しなければならない。これらの威張り散らす個体は、もちろん、ようやく長年のいじめと屈辱に復讐する機会を手に入れて、非常に困難な仕事に全力を尽くすのである。これは、どうして、いつアルファ・メスは転覆させられるのかということを説明しており、彼女は優劣階層の最下部へ転落しそうであり、彼女と一緒に転覆させられた家族の生き残ったメンバーによってさえ逆転されそうである。群れの中の誰でもが力を失ったアルファ・メスを粉砕する斧を持っている。この攻撃の重荷は、メスがその地位を最下層まで落とすような、そして決して再び浮かび上がれないようなものなのである。

Ⅵ　性と取引

性産業の生物的起源

合衆国では性は数十億ドルもの産業である。性は売られている。性を売買すること自体は売春、ポルノ産業など多くの名で呼ばれている。食物、衣服、雑誌や書籍、テレビニュース、さらにはハリウッド映画など、なにか他のものを売るために性を利用することは、うまい取引だといわれる。ほとんどどんなものでも、それに性が結びついているなら、ずいぶんうまく売れる。男性は重要な性の買い手であり、それは彼らの思春期の始まりから死に至るまで止むことがない。広告業界や芸能界における事業経営者たちは、性行動を学ぶことにその生涯を費やす心理学者、社会学者、あるいは生物学者よりも、性が人々にとって、ずっと重要であると理解しているように見える。商売人は、性が価値のある商品であって、多くの人々がそのために多額を支払う気があると思っている。味が良いとか健康に良いとかの理由で、他ならぬ一つの銘柄のシリアルを買うことを人々に納得させるために、たくさんの宣伝と洗脳が用いられる。とりわけ二つの銘柄の味がまったく同じであるとかどちらも同様に健康に有効ではないといった場合にそれらが必要だ。しかしながら、もし男性の頭脳に、特定の銘柄のシリアルを食べれば魅力的な女性とセックスできるという夢想を抱かせるとしたら、男たちはすでにその性的シリアルを買うようにセットされ、また熱望しているので、攻撃的で高価な宣伝キャンペーンは必要ではなくなる。

性を取引目的に利用する動物は人間だけではない。他の霊長類であってもそうだし、あなたがそう考えるように、アカゲザルだって、まったくマキャベリアンのように性についても考えることができるのである。性をいかに取引に変身させるかということを考える鍵は霊長類のメスが持つ性的能力の本性に根ざしている。大半の霊長類のメスたちは私たち人間の女性と非常によく似た月経周期を持っている。彼らは排卵する時——性周期の半ばの数日間——だけに妊娠するのだけれども、性周期の他の時期にあっても性行為をすることができる。これは、メスが発情期と呼ばれる排卵時期に限って交尾する他の多くの動物たちとは違ったやり方である。発情期にだけ交尾するような動物たちでは、メスたちはそれ以外の時期にはまったく交尾をしたくないか、あるいはすることができない。たとえば、メスのテンジクネズミ（日本ではモルモットと呼ばれる）では、発情期以外には膣は薄膜によって封印されていて、もし交尾したくてもそうすることはできないようになっている(1)。メスのモルモットは発情期になると、性ホルモンの働きで身体に化学的な変化を来たして、膣膜を溶かしてしまう。同じ性ホルモンがメスの頭脳にも作用して、彼女らが性行為を強く望むように変容させるが、それも受精のための数日間にのみ起こることなので ある。モルモットでも、他の大半の動物でも、性は赤ん坊を産み出すためのもの以外のなにものでもなく、取引をするための好機などはどこにも存在しないのである。アカゲザル、人間、そして他のいくつかのサルたちでは、メスの性的能力は、それらの生理的道具とは別のものとして働く。私のかつてのアドバイザーで博士研究者（ポスドク）だったキム・ワーレンは、霊長類では性ホルモンはメスが性行為をなすことができるかどうかではなく、彼女らはそうしたいかどうかということだけに作用するのだと、いつも言っていた。[2]霊長類のメスたちは彼女ら自身の性的関心について大きな操作能力を持っているのだ。

1920年代にすでに、ソリー・ザッカーマンはサルたちが通年で性行動をするようだということに気がついていた。とくに、他の動物と同様の方法で発情に至るような場合であってさえ、発情期と同様にそれ以外の時期においても交尾可能だし、またそうしようとするように見えることに、彼は注目した。そこでザッカーマン[3]は、性は霊長類社会を統合する接着剤であり、霊長類社会は性をめぐって展開するのだと考えた。現在では私たちは性が霊長類を集団で生活させる唯一の理由ではないことを知っている。集団生活は、食物を発見したり、捕食者から防御したりするための協働を含むたくさんの利益をもたらすのである。集団を維持するためには、性よりも別の――たとえば、血縁――などにも依存している。にもかかわらず、性は霊長類の社会生活の必須の部分なのである。

アカゲザルの性行動に関する初期の実験的研究では、ザッカーマンの観察を承認するように見えた。研究者たちは小さなケージにアカゲザルのオスとメスを入れて、どの月のどの日にも彼らが性行動を行うことを見出した。[4]このような研究を行った研究者たちはたまたま男性であったので、彼らの偏った男性本意の考えで、アカゲザルのオス・メスで毎日性行為が見られるのは、オスがそれを欲してメスがそれを受け入れてそれに従うことで生起するのだと結論づけた。彼らはさらに性におけるメスの主たる役割は魅力的であることであり、アカゲザルのメスがより良く性的な臭いを発散させている受胎期に、オスに対していっそう魅力的なのだという具合に考えたのである。

さて、小さなケージの中のアカゲザルが毎日性交渉をしようとするのはおそらく確かなことであろう。しかしながら、これらの実験の被験体として使用されるという不幸なめぐりあわせを持ったアカゲザルのメスたちは、いつも受身であるというわけではなかった。彼女らは自身の安全や生存のために性的な貢献を提供することで、オスたちとの取引をしていたのである。もし、あなたがアカゲザルのメスで、攻撃的なオスと一緒に小さな檻の中に閉じ込められている自分自身を見出したならば、「今日は駄目よ、あなた。そんな気分じゃないわ」などという選択肢が存在しないことに、すぐに気づくことだろう。そんな小さなケージの中では走ったり、なにかの後に隠れたりする空間もなければ、助けを求める家族などもどこにもいないのだ。向きを変えることも、オスに微笑むことも、「いいえ、結構よ」という余地さえないのだ。メスはそこで生きている限り毎日オスと性交渉をするしかなかったのだ。メスの魅力と性的な臭いのほんの一部で、ケージの中のアカゲザルは取引することしかなかったのだ。これらの実験を行った研究者の中には、性的現象を引き起こし、メスを魅力的にするための化学物質を発見したと主張するものもいる(5)。彼らのあるものたちはそれで特許をとって、商品として売ってもいるのだ。

クラレンス・レイ・カーペンターが1940年代にカヨ・サンチャゴで性交渉をするアカゲザルを観察したとき、彼はまったく違ったものを見ていたのである[6]。アカゲザルのメスたちはたいてい発情期のさなかにオスたちと交尾をしていたし、彼女らは受身などでは全然なかった。彼女たちは変わったのだ。大きな集団で性行動を研究した多くの他の研究者たちもカーペンターと同様のことがらを観察していた[7]。アカゲザルのメスたちは、性に関心を持って交尾したいとオスたちに分からせるためのいろいろな手段を持っているのである。彼女らはオスの周囲をついて歩き、何時間もオスのそばに座り、時には立ち上がって、尻尾を立て、さらには尻をオスの顔の正面に押しつけるのである。もしオスが注意を払わなければ、メスは彼らをひっぱたいたり、叩きつけたりするし、メスが何を考えているのかとオスが疑ってしまうほどのひどい時には、メスはオスの背中に飛び乗り、どうすればよいのかをオスたちに気づかせるかのようにオスに対してうまのり行動（オスの交尾姿勢と動作）を始めるのである。アカゲザルのメスたちは交尾を望んでいないときにも、オスにそれを知らしめる多彩な方法を心得ている。たいていの場合には、彼女らはオスをちゃんと無視し、彼らからさっさと離れていく。もしオスがしつこく付きまとうと、彼女らはオスを脅し、金切り声をあげて家族のメンバーたちからの援助を求めるのである。メスたちが家族の仲間たちに取り巻かれて支援が受けられるような大きな集団では、オスの視線が受け入れられていないようなメスにちょっかいを出すことは、オスにとっては最悪の考えであるに違いない。オスの性的な強要は母系的でメスが優位なアカゲザル社会においては存在しないのである。

アカゲザルのメスたちは性的サイクルの受胎期にひときわ性的に関心を強く持つが、それ以外のどんな日であれ、性を取引として利用してもいるのである。この仕事がどんなものであり、アカゲザルと人間ではどんな風に似ていてどんな具合に違っているのかを理解するために、私たちはオス・メス双方の視点から性についてみておく必要がある。

オスの観点

オスたちはメスと同様の進化的理由として性を持つものである。それは生存可能な子どもたちや孫たちを生み出すためであり、彼らの遺伝子のコピーが将来世代に受け継がれていくことを保障することである。明らかに、アカゲザルはある日の性交渉と6ヵ月後の赤ん坊の出生との間に相互関連があるなどと知りはしない。彼らはそれが楽しいからセックスしたいだけだ。人間の男性は女性と性交渉を持った9ヵ月後に彼らの子どもを生むだろうことを知っていると思われる。にもかかわらず、人間の男どものうちのあるものはちっとも責任を持っているようには見えない。

アカゲザルたちの間では、オスは父系的な意味での世話をまったくすることがない。誰が彼らの子どもなのかを知らないし、彼らが子どもを持つということも知らないし、そもそも子どもとか父性という観念すらもってはいないのである(8)。ときたま、彼らはメスから放り出された赤ん坊を見かけるが、何が起こったのか、それに対して何をしなければならないかなどということは、まったく思い浮かばない。オスたちが子どもたちを保護しないために、アカゲザルではたくさんの子どもが生まれるように、したがってできるだけたくさんのメスと、できるだけ多くの機会に性行動を持つように、アカゲザルのオスにはあらかじめプログラムされているのである。

チンパンジーや他の大型類人猿では、やはりオスが彼らの子どもの養育を助けたりはしないが、人間の男たちはその進化史のほんの最近になって子育てという仕事に参加し始めたのである。人間の男たちの脳やホルモンはまだこの新しい状況に適合しようと奮闘しているし、いくつかの事例では、あたかも彼らがまったく適合できていないように見えさえする。セックスしようとするときには男性の脳みそはまだアカゲザルの脳と非常によく似ているようにしか働いていないかのようだ。できるだけ多くの女とセックスするように彼らに呼びかける男性の脳内の声は、まだまだとても大きい。それは長時間そこにあって、いつもすぐにはそこから消え去ることがない。善良で責任ある父親に囁くその声は若々しくて柔らかく、さらにある人々は単にその声を聞くことがないように選択するのである。

性交渉をするときには、アカゲザルと人間では、異なっているよりもそっくりなことのほうがたくさんある。そして男性の行動を説明することは、まさにセックスをしたいと思っている男にはまったく要求されたりはしない。精子は簡単に作られ、男どもはどんなときにもそれを持っていて、何時でも、どこでも、誰にでも、それを与えてハッピーになれるのだ。理論的にはすべての男性は世界人口中の全女性と喜んでセックスするし、それを数週間であるいはそうするために必要などんなことでも行い、さらにそれを繰り返すのである[9]。男性にとっても女性にとっても幸運なことに、これは選択することではない。男性は自分と性交渉したがっている独り者の女性を見つけられればラッキーなのだ。そしてそれは本当は巡り合わせの問題ではない。あなたがブラッド・ピットのようには見えなくて、ドナルド・トランプのようにお金を持たず、あるいはヒュー・ヘフナーのようなプレーボーイ誌の編集長でなくても（あるいはあなたがアカゲザルの同類でなくとも）、参加すべき仕事はたくさん存在するのである。

この地球上のすべての女性と性交渉を成し遂げるために男性が計画する方法には二種類の問題が存在する。一つ目の大きな問題は他のすべての男性がまさに同様のアイディアを考え付くので、そこには競争が存在するということだ。二つ目の問題はどんな独身の女性をも説得しなければならず、同時にほとんど同じ瞬間に彼女の扉を叩くすべての他の男ではなくて、彼とセックスするようにさせなければならないのである。これらの二つの問題は男性に多くの重圧を与える。進化生物学者たちはこの圧力を性選択と呼んでおり、それを最初に記述した人物こそチャールズ・ダーウィンであった[10]。シカやある種の鳥たちにおいては他のオスを撃退することと、メスを魅了することは、まったく同じことである[11]。メスたちはオスが互いに戦うのを見た後に、その勝者と簡単に交尾するのである。アカゲザルや人間では、ことはいささか、もう少し複雑なのである。

アカゲザルは最初に性的発情し性行動を行ったその日に性的な競争者となる。4、5歳になってオスが思春期に達すると、性は遊びの一形態であることを止めて、我われになじみのある複雑な交渉となる。しかし、キャンドルライト、軽音楽、セクシーなランジェリーに対して人間的な

図13．交尾の瞬間：メスの後背部から乗りかかったオスが後肢でメスのふくらはぎを掴んで行う交尾姿勢（撮影：ステファン・ロス）

図14．メスがその気にならないとき：自慰行為をするオス（撮影：ダリオ・マエストリピエリ）

好みは特にない。若いアカゲザルのオス自らの性欲についての発見は、群れ内の大人オスによって見過ごされることはなく、歓迎されるわけでもない。若いオスがメスと本当の性交渉を持ったその日から、彼は年長のオスたちによって苛められ、攻撃されることだろう。オスたちはやがては彼を群れから追い出してしまうだろう。しかし、他の群れへの移出は若いオスの抱える問題を自動的には解決してくれない。アカゲザルのメスは群れにやってきた新しいオスを歓迎しようとするかもしれないが——もしそれが1年で最も良い時期であるとしたら——群れにいるオスたちは正直言って、彼に赤絨緞を広げてくれはしない。これは、セックスするためには若いオスは闘わなければならないことを意味している。戦いの対価がいかほどで、どれくらい困難なものかは、そのオスの闘争能力と危険を冒す意志にかかっている。理屈では、移籍するオスはその勇敢な技巧を使って、キアヌ・リーブスが映画マトリックスで悪いやつと彼のクローンたちに対したように、群れのアルファ・オスや他のオスたちと同時に戦うはずだ。もし彼が神であるなら、彼は勝利し、新しい王になり、群れのすべてのメスと交尾し、それ以後をハッピーに過ごすだろう。現実には、たいてい、移籍するオスは恐ろしい目にあって、劣位者になり、優劣順位の最下位として新しい群れに入ることになるし、一歩ずつ順位を上げていくようにするだろう。

新参者のオスが新しい群れの正式な一員となった日から、そのオスは、いかにしてオス間の順位序列を上昇してアルファ・オスになるかということと、どうすればメスたちによく思われて彼女らの好みと性的支持を取り付けるかという、二組の問題のために活動しなければならない。これは、彼のマキャベリ的な知性が評価されるという点でオスの生活における大切な要点である。

もしもそのオスがカードをうまく切ったならば、ほんの数年で階層のトップに上り詰めて、その過程でまんまと数頭の子どもを生ませるだろう。[12] 新しいアルファ・オスとして、彼は群れ内のすべてのメスたちに対して（もちろん彼女らが彼を好むと仮定しての話だが）競争のない性的接近ができるだろうし、より長く王様として君臨すれば、より多くの子どもを作るだろう。しかしながら、そうしているうちに、アルファ・オスになりたがっている他のすべてのオスたちの権謀術数的なたくらみと計画はますます頻繁に彼に仕向けられるようになるだろう。いつかは1頭の成りたがり屋が幸運を手につかむに違いない。その時点で、退位させられた王様の子孫を残す力は終了するのである。カヨ・サンチャゴではアルファ・オスの地位を失ったオスの多くは、別の群れへ移出して、再び子づくりに励むのである。華々しい座を終えた別のものたちは低順位のオスとして群れの中で生きることに耐えるのだが、子作りのチャンスは非常にまれか、もしくは皆無なのである。インドの森林地帯では落ちぶれた王様はたぶんその群れを離れて、残りの時間をさまよったあげくに、捕食者や病気、あるいは他のサルたちによる殺戮で、長くはないうちに死んでしまうのであろう。

アルファ・オスは他のオスたちの野望と性的欲望を押さえ込むと同時に、自分はメスたちに対して魅力的にならねばならない。アカゲザルの世界には二種類のアルファ・オスがいるように見える。それはおそらく二つのタイプの基本的な個性を反映しているのであろう。あるいは進化生物学者たちの難解な表現を使えば、交尾のための代替戦術（二つの選択的な交尾のための駆け引き）なのである。[13] 一つ目のタイプのアルファ・オスたちは他のオスザルの交尾を妨げようと絶えず気にしている統制狂である。彼らは交尾期の間ずっと、セックス取締官となって、夜昼なく、すべてのメスもオスも見張っているのである。もし彼らが前戯に耽っている――要するに仲良く毛づくろいをし始めるということなのだが――メスとオスを発見したり、あるいは実際にことに及んでいるカップルを捕らえたら、彼らは犯行現場を直ちに急襲して、メスを追っ払うのである（というのは、アルファ・オスはつねにオスにではなくメスに腹を立てるのである）。この種の偏執狂的なアルファ・オスにとっての問題は、彼の気分が落ち着くことなのであって、それによって彼の社会的な地位に何らかの報酬が得られることはほとんどない。交尾期のピークのころにはあちこちで交尾が行われるので、それを完全に抑圧しようとすることが終日の実りの乏しい仕事になってしまうのである。もう一つのタイプのアルファ・オスは、自分自身が可能な限りたくさんの交尾ができることに集中して、他のすべてのサルがしていることがらには注意を払いすぎることはない。あきらかに、彼らは盲目でも愚か者でもないし、彼らの周辺で何が起こっているかを知っている。彼らが何かを見たり、何か疑惑に気づいたときに、歯を食いしばっていることを目にすることだろう。それでも彼らはそれに介入したり罪人を追っ払ったりしようとはしない。その代わりに、彼らはまさに、可能な限りすばやく、群れ内のすべてのメスたちを妊娠させるという任務に専念するのである。それはあたかも流れ作業のようなものであって、1頭のメスとできるだけすばやく交尾するとすぐにライン上の次のメスへと移動するのである。

私たちには、一体何がタイプⅠとタイプⅡのオスをつくりだしているのか分からない。私はかつてヤーキス国立霊長類研究センターでアカゲザルの二つの群れを観察したことがあった。そこではひとつの群れには偏執狂的なアルファ・オスがいるのに対して、もうひとつの群れには流れ作業的な性格のオスがいた。私たちはそれぞれの群れで良く似た数の赤ん坊が生まれるのかどうかさえも知らなかった。ただ私たちが知っていることといえば、ゲームを楽しむための選択方法がどちらであっても、アルファ・オスにとっても普通のオスたちにとっても繁殖期がストレスに満ちた時であるということだけである。カヨ・サンチャゴではオトナのオスたちは繁殖期になると体重が10パーセントも失ってしまい、それからの6ヶ月間、つまり赤ん坊が生まれて成長していく間に、休養し、だんだん太って、次の勝負に備えるのである(14)。

アルファ・オスは群れの中でたくさんのメスたちと交尾する、とりわけアルファ・メスやその家系メンバーたちとである。高順位家系のメスたちはよりよい姿をしており、身体的にも魅力的であるように見えるし（たぶん彼女らの臭いもそうに違いない）、おそらくはいつもアルファ・オスの周囲にいるに違いない。アカゲザルのオスたちは繁殖のピークにある中年のメスを好むように見え、とくに若々しいメスや老齢のメスに魅力を感じないようだ。高順位で中年のメスたちは、もっとも子どもをたくさん生むわけでないばかりか、子どもたちをもっともうまく成育させているようでもない。オスたちはそのことに気づいていないようだ。優位なメスたちがオスたちを占有しようとすることの結果、低順位のメスたちは、あまり交尾していない。交尾期間中にオス間の攻撃ばかりか、メス間の攻撃も同じくらいに存在する。高順位のメスたちは、従属的なメスがオスと寄り添っているのを見ると、彼女らを苛め、その場から追い散らすのである。

すべてのオスザルはあきらかに多産のメスと交尾することを好む。もし群れの中にただ1頭しか発情したメスがいないとしても、それは彼女がアルファ・オスによって独占されるチャンスでしかない。低順位のオスはできることならどんなメスとだって交尾する。彼らは、人気のない思春期のメスであろうと、低順位家系の高齢で醜いメスであろうと、はたまた生理中のメスであろうとも交尾するのである。低順位のオスザルが交尾するときにはアルファ・オスから隠れようとする。私は一度だけ低順位のオスが、アルファ・オスに見られていないかどうか絶えず気にしながら、コンクリートの排水溝の陰に隠れてメスと交尾したところを見たことがある。彼は2秒で射精して、何事もなかったかのようにメスから歩み去った。優位なオスたちはしばしば射精に到るまでに何度も繰り返して馬乗り姿勢をとるが、劣位のオスたちは、アルファ・オスにとってつかまる不安と恐れで、たいていすぐに射精してしまうのだ⑮。この不安と早漏の問題は人間の男性によっても共有されている。アカゲザルは私たちに、どうしてこのような問題が存在するのかということと、実際にはそれは困った問題ではないのだということを示してくれている。もしあなたが従属的な男性であるとすれば、早すぎる射精は、あなたにとっては女性を妊娠させる最適な方法か、唯一の方法なのである。

霊長類のオスはメスの行動上の変化から彼女が妊娠可能であることを判断するが、同時に彼女の性器周辺の外皮と顔が赤くなることによってもそれを知る。しかしながら、アカゲザルのメスにおける発情の身体的兆候は、発情時にメスの性器周辺の外皮が肥張し、著しく肥大したように見えるヒヒやチンパンジーのような他の霊長類に比べてそれほど明確ではない。アカゲザルのオスは、それゆえに、メスが排卵したかどうかを確実に知ることができないが、メスが行動によって知らしめていることで根拠ある推測と確信を持たねばならないのである。メスはオスに対して完全に誠実であることはないという彼女らなりの理由を持っている。メスたちはオスを精子供給者としてばかりでなく、その他の奉仕者としても同様に利用するのである。例をあげれば、メスたちは、受胎可能なときにアルファ・オスと交尾したいと思い、そうでない場合に他のオスと交尾するように決めているようであり、マキャベリアン的な理由が後者の場合を説明しているだろう。

オスにとって、交尾することを望んでいる発情メスを見つけようとすることは、時間と労力を要することであり、その結果は必ずしもうまくいくとは限らない。アカゲザルでも人間でもオスたちは彼らが交尾したがっているメスとは出会うことのできない長い期間を費やしている。アカゲザルでは、それはメスたちが6ヶ月間も赤ん坊に注意を払っていて、その間まったく性行為に関心を持たないことの結果である。人間では、ある種の男性が何ヶ月も何年も女性を見つけることができない、おそらくたくさんのさまざまに異なった理由が存在するに違いない。しかしそれを単なる不運のせいにしよう。セックス・パートナーを手に入れられるかどうかということに関するこれらの大きな差はおそらく何も新しいことではなく、アカゲザルのオスでも人間の男性でも、何千年いや何百万年にもわたって生じていたことであり、彼らの頭でも身体でも気づいていたことである。アカゲザルのオスは出産期の6ヶ月間に男性ホルモンであるテストステロンの大幅な減少を経験し、彼らの性衝動は消失する。[16] それではメスが性的関心を持っていないとしたら性的行動をいつでも引き起こすためのポイントは何だろうか？　かつて私は研究協力者と一緒にメスのアカゲザルに対して、出産期間に、性ホルモンであるエストラダイオールを注射したことがあった。すると突然にこれらのメスたちは性に関心を示し、オスたちの周りを巡り、彼女らの性的誘惑をともなって彼らに性行動をせがみ始めたのである。[17] しかしながらオスたちはそれに沿うように関心を示さなかった。アカゲザルではオスの性的動因は季節的であり、ちょうどメスと同様のものだったのである。だが、このことは自覚的な選択ということを意味しているのではない。アカゲザルの脳は光の量と気温から季節を感じ取る生物時計の影響下にある。その季節にしたがって脳は彼らの睾丸に指示を伝え、精子を産生するのに必要なテストステロンの量を教えるのである。これは、逆に、オスに対してどれくらい性的な動機づけを必要としているかを示してもいる。

人間はカヨ・サンチャゴのアカゲザルのように春から夏にかけての時期だけにセックスしようなどとはしない。しかし男性の脳と身体はメスの入手可能性についての時期的な変動と性的活動の機会を追う方法を理解しているのではないかと私は思っている。男性の性衝動がテストステロンによって制御されていることを私たちは知っている。そして私は（それを証明するに足る強力なデータを知っているわけではないが）テストステロンの産生が正のフィードバックと呼ばれるメカニズムを通した経験によって制御されているのではないかと疑っているのである。正のフィードバックとは、何かをより多くもてばもつほどより多く欲しくなり、より少なくもてばそれだけ欲することも少なくなる、ということだ。私は、男性がセックスをするとき、あるいはセックスするチャンスが到来したと考えたとき、彼の身体はたくさんのテストステロンを産生し、そのテ

郵 便 は が き

料金受取人払郵便

新宿支店承認

7557

差出有効期間
平成23年8月
31日まで

160-8791

841

東京都新宿区新宿 1－4－13

株式会社 青灯社 行

書名

本書についてのご感想、ご意見をお聞かせ下さい。

ホームページなどで紹介させていただく場合があります。（ 諾 ・ 否 ）

お買い上げの書店名

市郡区　　　町　　　書店

お名前　　　　　　　　　　　　　　　　　　　　　　　　年齢　　歳　　男・女

ご住所（〒　　　　　　　　　）　　　TEL.

E-mail：

ご職業または学校名

ご購読の新聞・雑誌名

本誌を何でお知りになりましたか

1. 書店で見て　2. 人にすすめられて　3. 広告（紙誌名　　　　　）
4. 書評（紙誌名　　　　　　　）　5. その他（　　　　　　　）

注 文 書

月　　日

書　名	冊　数
	冊
	冊
	冊
	冊

下記のいずれかに○をお付け下さい。

イ．下記書店へ送本して下さい。
（直接書店にお渡し下さい）
＊書店様へ＝取次番線印を押してください。

ロ．直接送本して下さい。
書籍代（送料は無料）は現品に同封の振替用紙でお支払い下さい。

＊お急ぎのご注文は下記までお申しつけ下さい。
電話 03･5368･6550
FAX 03･5368･6943
e-mail : info@seitosha-p.co.jp

www.seitosha-p.co.jp（小社書籍の詳細をご覧いただけます）

ストステロンは彼の性的衝動と精子の生成の双方を増加させるのだと睨んでいるのである。その代わりに、もしも男性が性的活動のない不運な期間をすごしていたり、何らかの理由で、ものごとがすぐには好転しそうにない場合に、彼の身体はテストステロンの産生を少なくし、同様に精子形成も減少するのだと、私は思っている。私たちはストレスやスランプが男性の性的動機づけを減少させるということを知っている。そして私は何ヶ月も何年もの間一度も性行動のない男性はそのことがあまり幸福ではないのだと想像するのである。そこで、アカゲザルのオスでも人間の男性でもつねに性的可能性を潜在的に持ちながら、実際には彼らの性的動機づけは、彼らを取り巻く状況や性的に実現可能性のあるメスたちの存在やオスたちのメスに対する経験などに対応して上昇したり、下降したりするのである。

セックスしようと思っているメスを見つけることはオスの生活上の大問題であるけれども、それが生活のすべてだというわけではない。生き残りと快適な生活もまた重要である。オスたちだって友人——それがオスだろうとメスであろうと——を持ちたがる。しかしながら、生活の大半において、オスたちは社会生活の中で性生活が阻害されることがなければ、おおむねハッピーなのである。人間の男性だって彼らが必要なときに何時でも——たとえば夜にバーへ入って、女と出会って、彼女とセックスして、テレビのフットボールの試合中継に間に合うように帰宅するような——一夜限りの形でも、セックスできれば幸福なのだろう。大半の男たちは性的世界と社会的世界を彼らの生活の中で分けて維持しようとするが、女たちの多くはそれらを一緒にしようとするのである。たいてい、女性は社会関係なしの性生活をまったく望まない。女性とセックスするために、男性は彼女にたくさんの時間とお金を使わなければならないようになっているのである。どうしてかといえば、男にとってセックスはまさにセックスでしかないのに対して、女にとってセックスは取引なのだ。

メスの視点：よそ者とのセックス

アカゲザルのメスたちは、その群れの周辺でうろついていた連中のような、それまで見たこともなかったようなオスたちにひきつけられ、交尾するために藪の裏側へと誘おうとする[18]。多くの場合にはメスはこれらのオスと交尾し、再び彼らに出会うことはない。まれにメスがこれらのオスたちを助けて群れに加入させ、階層を上昇させ、ついにはアルファ・オスと交代させることがある。藪の後方で見知らぬオスと交尾したのと同じアカゲザルのメスたちはその交尾期中、そしてその後数年間続けて、群れの中の定住オスたちとも何度も交尾するのである。それでアカゲザルのメスたちは、見知らぬものたちとの行きずりのセックスと、安定的で長期にわたる関係を持つ親密な相手との交尾という、二つの異なったタイプの性行為を好むように思われる。彼女らだけがこの種の好みを持つ霊長類のメスだというわけではない。

ある種の環境の下では人間の女性もまた出会ったばかりの若者とセックスをし、再び会うこともないということがあり得る。もし男たちが一晩限りであるとしたら、これは相手の女もまた一晩限りを楽しむということを意味している。私はすでに、一握りの女性だけが行きずりの性を楽しみ、一晩限りの男たちの大半がその限られた一握りの女たちとだけセックスをしているということがありえるのか疑念を抱いている。女たちはさまざまな理由で、見知らぬ男たちと行きずりの性を楽しむということを公言したりはしないだろう。私が思うには、男たちが考えるよりもずっとたくさん、そういうことを好む女が存在している。女たちはまた、明らかに愛する男たちとの安定した関係の文脈において性的関係を持つことをも好んでいるし、それは彼女らが非常に強調することなのである。

アカゲザルや人間の性選択についてのもっとも単純な説明は、彼女らが性に対して二つの異なった理由をもつということである。オスがワンパターン思考を持って以来、メスたちが二つの異なった理由でセックスをしたがるかも知れないという観念は彼らを大変混乱させてきた。そのように理解するのに長い時間を要する男たちもいるが、決して完全にそれを受け入れない男たちもいる。青春期に私は、女性が男たちと同じようにワンパターンだが、彼女らの軌道はわれわれ男とは違うと考えるようになった。すなわち愛と関係を内側にラッピングしたときにだけ彼女らは性を享受するのだと思われた。そこで、高校時代には、一人の女の子に夢中になって、彼女とセックスしたいと考えたときに、私は彼女にわが愛、友情、そして長期にわたる献身を捧げたのであった。その少女は私におおむね嫌悪感を持たなかったので、彼女は私と熱烈な関係に陥って、たくさんお喋りしたり、手を握り合ったり、私のことに注目するようになった。私は心の中で、いつの日かいっぱいセックスするようになるように進んでいると考えた。しかしもちろん、けっしてそうなることはなかった。私と手を握り合って日々を過ごしたその女の子はある晩に私の2

倍はあって、釣り合いの取れた顔をしてお喋り好きな若者とセックスしたのだ。そしてそれはたぶん一度ならず、だったと思う。

ちょっと待って。私はあなた方に女性というものが性と社会関係を同時に維持することを好むということを話していたはずだ。だが、今や私はあなた方に対して、私のこのガールフレンドが昼間は私と性関係なしの社会的関係を持ちたがり、夜になると他の若者とのいきずりの愛を欲していた、ということをお話している。私は矛盾しているのだろうか？

彼女らの心の深層ではおそらく、女性たちはちょうど男の子たちがそうするように、社会的な諸関係とは切り離された性を保ちたいと望んでいるのだろう。結局のところ、これは人類や他の多くの霊長類たちが登場するより前の、最初期にすでに存在していたことがらなのである。本来、性行為は単に赤ん坊をつくるためのものであり、それ以外のなにものでもなかった。いまやそれは違ったものとなっているが、それでも女性の脳の中には、ずっと過去の軌跡が残存しているのである。問題はメスがまさに性の契約を伴う長期にわたる関係を与えることでオスを得るという多大なやっかいごとをもつということだ。私のように世間知らずな若い男の子は、いつかセックスできる日が空から降ってくるという期待をもって、このようなプラトニックだけれど時間も労力も金銭も必要な長期的関係に投資しようとするに違いない。しかし、そういうことを進んでやる経験を積んだ少年や男たちを私は見たことがない。女性たちは周辺に男たちを留めておくためにセックスを使わなければならない。さもなければ関係は機能しない。

さて、かつて女性たちは、彼女らが長期的な関係を持ちたがっている男性たちに対する心がまえを仕立て上げた。男性とセックスして、彼らがとても特別なそして彼とだけの何かをしているというように彼に感じさせるのだ。ついでに言えば、私のガールフレンドはうそつきではなくて、彼女がしていることについては私に対してまったく正直だった。まず最初に言えば、彼女は私と話をしたり、手を握ったりするためにたくさんの時間を使ったけれども、彼女はけっして私を彼女のボーイフレンドだと本当に考えているとは言わなかった。二番目に、彼女は夜毎に別の若者とセックスしているという事実を秘密にはしなかった。それはまさに性行為そのものであって彼女にとってそれ以外の何物でもないし、彼女がその若者にとくに関心があるわけでもなく、あるいは私に関心がある以上に気を惹かれてはいない、と言ったのである。彼女は真実を私に語っていた。女性の心には二つの軌道があることを私は発見し、彼女らの行動の何がしかを理解し始めたのは、それほど後のことではなかった。今なお、一人の女性がどちらの軌道にいるのかを言うことができないことがある。というのは、女性たちは何を企んでいるのかを男たちに分からせることなく二つの軌道を行ったりきたりするからである。アカゲザルのオスたちはときどき、人間の男たちと同様の問題に直面する。彼らは毛づくろいをしたり、彼女らを守ってやったりして特定のメスたちと親しくなるために、多くの時間を費やしているが、いよいよ交尾期が始まると、件のメスたちは彼らとの交尾には少しも関心を示さない。それどころか、彼女らは親しくもない他のオスたち、あるいはそれまでまったく見知らなかったオスたちと交尾しようとするのである。いったいメスたちはどんな類のゲームに興じているのだろうか?

アカゲザルのメスたちが藪の陰に隠れてよそ者のオスと交尾するときには、いくつかの理由がある。メスたちは子どもたちのために良い遺伝子を得ようとしてそれまで関係のなかったオスたちによる受胎を求めるのであり、群れにずっといるオスたちの潜在的な交代用員としてオスを篩い分けようとしているのである。群れのオスがその群れで生まれたオスである場合には、具合が悪いことに、メスたちが彼らと交尾するということが、彼女らの父親あるいは兄弟、さらには息子たちとの交尾となる可能性をつねに孕んでいるのである。[19]それは、第Ⅲ章で説明したように、メスたちにとってもその子どもたちにとってもとても具合の悪いことなのである。よそ者との交尾は近親交配や遺伝的な負の結果が回避されるということを保証してくれる。だが、それ以上に意味のあることがある。アカゲザルのオスたちが自分の生まれた群れから移出するときには、度重なる難儀を生き抜かなければならない。彼らのあるものはおそらく餓死するか、捕食者の餌食となって生を終えるだろう。残ったものはオス・グループで長い期間を消耗させるか、別の群れの近くに出没してメスをおびき出したり彼女らと交尾するためにひっそりとしているしかない。さらに、たとえ群れのオスたちに捕まえられても彼らを振り払えるように準備しておかねばならない。メスの関心の扉をノックする方法をすべて会得したオスはおそらく素敵で良好な遺伝子を持っているのだろうし、彼らと交尾することでメスたちはその子どもたちにそのオスの良質な遺伝子を受け継ぐチャンスを与えるのである。もしもオスたちがメスを特別にひきつけるような何かを産生する遺伝子を持っているのなら、メスたちは息子たちが同じ遺伝子を持って、父となり次々と子どもたちを作っていくように期待しているのである。進化生物学ではこれは交尾相手選択のための「セクシーな息子仮説」と呼ばれている。[20]もちろん、アカゲザルのメスたちはこのことをなにも知っているわけではない。なにか特定の性質（たとえば、大きいとか強いとか、自信過剰な行動をするとか）を持った親しくないオスを選好するように、まさに彼女らの頭脳に組み込まれているのであって、この選好は何年もの間、群れの中で同じオスたちと一緒に過した後にはとくに強くなり始めるのである。もちろん、群れ内のアルファ・オスの経歴がそのような選ばれた若者の1頭から始まって、それゆえに同様に良好な遺伝子を持っているということはありそうなことだ。しかしメスたちはすでに彼と何度も交尾していて、彼女の子どもたちの何頭かの父親である可能性がある。メスにとってはひとつの籠に彼女のすべての卵を入れることはそれほど賢明なことではない。彼女たちはあちこちとショッピングを楽しんで、たくさんの違う籠に彼女らの卵を入れていくことが大好きなのである。

もし、良い遺伝子を持つオスによって受胎するためにメスのアカゲザルがよそ者と性行為をするのだとしたら、メスが受精可能期に限ってそれらの若者に関心を持つということは理解しやすい。実際にメスは、彼女らが発情していて受胎のピークであるときに限ってよそ者と交尾するため群れの外へ出て行く。それ以外の場合には彼女らは交尾を迫らない。進化心理学者のいくつかの最近の研究では、同様のことが人間の女性でも起きているらしいことが示唆されている。女性は、性周期の中ごろに一時限りの性行為に関心を持つようになるらしい。このときに女性は良好な遺伝子を持っているように思われる見知らぬ男、たとえばとても整った顔や大きなあごの若者にとくにひきつけられる[21]。男性にとっては、これらの物理的な特徴は健康な成長と高いレベルのテストステロンの特徴（ちょうどスーパーマンの顔を思い浮かべるように）である。もし女性がすでに長期にわたる関係にあって、これらのイケメンで大きなあごの若者の一人と婚外の関係にあったら、現在のパートナーをその若者と置きかえる可能性を考えているかもしれない。アカゲザルのメスたちのように彼女らも探し回っているのだ。しかし、もし現在のパートナーが立派な父であり、料理もこなし、皿洗いもし、ゴミ出しもしてくれるようなら、彼女らはすでに生まれようとしている大あごの男の赤ちゃんを育てるために、彼に寄り添い、彼の支援を受けるのであろう。

つまり、これは、アカゲザルのメスでも人間の女性でも、したいとき、したい相手とその場限りのセックスをすることに関心を持っていることを説明しているようだ。しかし、どうしてメスはその場限りのセックスだけに関心を持つわけではないのか？　どうしてアカゲザルのメスたちは交尾期間中に彼女の心をノックするよそ者とだけセックスするわけではないのだろうか？　アカゲザルも人間もどうして長期的に関係を持っているオスあるいは男たちとの性関係をも持つのであろうか？　その答えはこうだ。ある場合には、メスたちが本当に関心を持っているのは性ではなくて、長期的な関係それ自体なのだ。この場合、セックスは目的を達成するための手段であり、関係を維持する方法なのである。これは彼女らの心の二重軌道の二番目の道であって、この道こそが取引としての性なのだ。

メスの観点：関係性と取引

　性が取引としてなぜ、どのように使われ得るのかということを説明する前に、メスの性欲の本性についてもう少し論じておくことは有用であるだろう。メスの性行動を理解するのに博士号もなにも要求されないが、生物学と生殖についての若干の基礎知識があると分かりやすい。オスは規則的に精子形成を行っており、理論的には、新しいメスに授精することができるし、彼らの一生の何時でも赤ん坊を作ることができる。しかしながらメスのほうは1月にほんの数日しか赤ん坊を作る可能性がなく、その上、もし赤ん坊が生まれたら、何ヶ月もあるいは何年も別の赤ん坊を生むことは不可能である。私たちの進化史のとても長い時間の進展の間、性は現実的には繁殖のための役割を持ってきた。そして二つの性が持つ繁殖生物学上の違いが、興味本位で挑発的な、さらには政治的に誤った認識、すなわち女性は性において男性がそうであるようには関心を持っていないという観念を生じさせている。私の見解を早く述べよう。そして女性の読者からのこれ以上のお怒りを避けようと思う。

　アカゲザルでは発情したメスたちはオスがそうであるように、あるいはそれ以上に性に対して興味を持っている。しかしながら、彼女らは発情していないときには、性に対して普通のオスよりもうんと性に関心がないように見えるのである。セックスに由来するアカゲザルのメスの身体的満足はおそらく彼女が排卵時でも、生理中であってもほぼ同様なのではないかと思われる。そこで生理中の女性が性を楽しまないということではないが、受胎する可能性があるとき以上にセックスに対してよい気持ちになることはないのだ。彼女らのホルモンと脳の働きがそれをつかさどっている。その何かは同様に人間の女性に対しても機能する。性周期に連動した性的動機の変化はおそらくはアカゲザルほどは強くないように見える。もしあなたが女性に、1ヶ月間のどの時期にパートナーと性行為をするかと尋ねたら、彼女らはおそらく、そうする機会がある時だからという理由で、週末にセックスすると答えるだろう。とりわけ彼女や彼女のパートナーが常勤的な仕事をしているのであれば、なおさらそうである。しかしながら、いつ性的願望を持つかとか、いつ自慰行為をするかというように尋ねれば、1ヶ月のうちのどの時期よりも性サイクルの中央あたりと答えるに違いない(22)。

　そこで、オスの性欲が彼らの脳と睾丸に組み込まれているのに対して、メスの性欲は同様に、性が繁殖と密接に関係している性周期の半ばに組み込まれているように見えるのであるが、周期の他の時期ではそんなに影響されてはいない。アカゲザルのメスでも人間の女性でも非受精期の間もセックスするが、そのときの彼女らは一般的には性に関心が低くて性ホルモンによる衝動もないという事実は、それらの時期に性に関するもっと直接的な調整機能が存在し、性行為を望むかどうか、いつ、誰とそうしたいかを選択することができることを意味している。非受胎期においてメスたちの性的動機づけが機構的に組み込まれたプログラムから大きく独立していることは、性が繁殖から分離されているという事実や一般的に性に関心を払わないという事実とあいまってメスたちに取引目的に性を利用させるのである。

性的衝動はこの話のほんの一部分に過ぎない。生物学と繁殖に関する基本的な知識はさらに、メスたちの性行動や誰とするのかということについて、オス以上に非常に慎重であることを示唆している。アカゲザルでは母親だけが自分の赤ん坊にミルクを与えるのだが、もし彼女らがそうしなければ、赤ん坊は死んでしまう。母乳に代用されるベビーフードや哺乳瓶での授乳が工夫されて以来、とくに、女性たちは赤ん坊を父親に残して、自分は他の男へと移って同じことを繰り返すような潜在的可能性を持つようになった。問題は人間の脳が技術的発達の速度についていけないということだ。それで母親たちは、一般に、父親より以上に子どもを放棄したくなくなっている。このことで女性は男性以上に、性関係を持ったり、子どもを作ったり、とくに誰との子どもを持つのかということに対して慎重になっている。女性が警戒することのもうひとつの重要な理由はこうだ。女性は性的肉体関係を通して、男性よりも、怪我をさせられたり、感染症をうつされたりという大きなリスクを背負っているのである。

人間ばかりでなくアカゲザルでも、普通は、メスを身体的に無理強いして性行為をさせることはない（人間の男性のほうがアカゲザルのオスよりも性的強要の傾向が強いのだけれども）。このことは、オスよりもメスのほうが性に対して不承不承、あるいはえり好みしているということを意味している。オスとメスの間での性行為はメスが了解しない限り起こらない。私が性衝動における性的差異をまったく誤解していて、メスがオスと同様に多くのセックスをしたがっていて、さらにオスと同様に多くのパートナーを求めていたとしても、女性は男性よりもずっとうまく性のコントロールができるという事実はまだ残っている。くりかえして言うが、私たちはここで標準的なことについて話しているのだ。もちろん、そうすることが好きだから性生活において抑制することができない女性が存在するし、地球上で他のどの男よりもはるかに抑制のコントロールのできるヒュー・ヘフナーのようなごく少数の運の良い青年もいる。

さて、誰かが望んだ何事かを誰かがコントロールするときにはいつでも、何らかの取引に対する期待が生じるものである。これは商品を売り込むか、あるいはまたそれを何か他のものと交換するチャンスなのである。しかし、もしもメスが性を抑制することができるとするならば、人間の女性やアカゲザルのメスが性を取引に使ってオスから手に入れることが可能なものとは一体何なのだろうか？

メスは何が欲しいのか

「ハート・オブ・ウーマン」という映画で、メル・ギブソンによって演じられた男性主役は、だしぬけに女性の心が読みとれるようになって、ついには女性が望んでいることを理解できるようになり、彼女たちにそれを与え、かくして彼は淑女たちと大変親密になるのである。不幸なことに、女性の心を読むことは現実世界ではありえないし、たとえそれがあったとしても、私は男の成功を保証するに十分であるという確信を持つことができない。男たちはまだ、メル・ギブソンのような風貌を持つか、成功するに十分な金銭を持たなければならないのだ。女性の心を読むということの代わりにアカゲザルのメスたちがオスたちから何が欲しいのかを理解して、それと同様のものが人間の女性や男性にも働いているかどうかを見てみよう。

　アカゲザルと人間が共通して持っていることの一つに、オスは身体的にメスよりも大きくて強いということがある。アカゲザルのオスはメスと比較しておよそ2倍の長さを持つ鋭い犬歯も持っている。人間の男性は物理的な攻撃性と暴力が女性よりもひどく強い傾向がある。殺人に関わった者や戦争は人間世界のいたるところで見られる。オスは身体的に危険であり、メスはそのことに気づいているようだ。そこでメスが欲しいもののひとつは保護である。彼女らは、危害を加える可能性のある他のオスから守るように、オスに期待するのである。より強く、いっそう攻撃的な者は大型の動物から防御して助けることもできるので、メスたちは捕食者たちや他の危険から防御してくれるようオスに求めるのである。これはアカゲザルの例であるが、おそらく私たちの初期の人類祖先にとってもそうであっただろう。他のオスや捕食者からの防御がおそらく、アカゲザルのメスの結合で構成された群れの中に少数のオスたちを許容する主な理由なのであろう。彼らと交尾することは彼らを周辺に居続かせるための方法なのだ。

　人間の男性は身体的に強靭で攻撃性を備えているだけではなくて、政治的あるいは経済的な力を持っている。女性もまたそのうちの何がしかを欲しがるし、それに伴うおいしい物はすべて求めるのである。そこで女性は力量のある男性を見出して、少なくとも一度の性的出会いに必要なわずかな時間よりも長く周辺に留めておかなければならない。そして彼が彼女のために得たものすべて――時間、精力、金銭、権力、名声など――を吐き出させるために、彼をゲットしなければならないのである。これをすべて成就する鍵は社会的諸関係である。社会的諸関係はメスがオスを近くに居続かせ、彼らの支援と資源を得るための媒体である。男性は性と社会関係の両方を必要とするが、同じ個体から必要なのではなく、また同時に必要なわけでもない。女性がセックスをまさにセックスとして享受するときは男性と同様であって、関係を外れてそうすることを楽しむのである。しかしながら、彼女らが性を取引として使うときには、関係を外れては行い得ない。そうでなければ、売春すなわち大多数の女性が当然避けるような洗練されていない危険な取引形態となるだろう。そこで、すでに第Ⅲ章で述べたように、人間の女性は、一人の男性と長期の関係を確立したり維持したりすることなく、彼と何度も性行為を繰り返すことができるのである。その代わり、他の方法をめぐらせる。女性は一人の男性と長期にわたる関係を確立し維持するために、彼と繰り返し性関係を持つことを承諾するのである。

メスがオスと長期にわたる関係を持つことから得られる他のものについては、アカゲザルと人間とでは異なっている。人間の男性は育児をするがアカゲザルではそういうことはないように、人間の女性が男性に求めるものは、時間、活動力、金銭など子どもの養育を援助するためのものである。子どもの養育にかかる男性からの援助は多くの人間社会（決してすべてではないが）では大変重要となり、それを得るために女性は見知らぬ男たちとセックスするという衝動を断念するようにさえなっているのである。男によって子どもが養育されるひとつの条件は実際に、自分がその子どもたちの父親であるという確信を完全にもてることである。このことは男性たちが彼らの女性パートナーの完全な貞節を期待しているということを意味しているのである。

アカゲザルのオスたちは立派な父親にはならない。その代わりに、特定のメスだけと交尾することはなく、もしそのメスが小さな子どもを持っていたらその子どもを殺してしまうかもしれない。多くの霊長類や他の動物においてオスは他のオスが生ませた子どもを殺すことがあって、そうすると彼らの母親たちは速やかに性的に発情して交尾可能な状態になるのである[23]。このようにアカゲザルのメスたちは自身の保護が必要であるばかりでなく、とくに子どもたちの保護も必要なのである。オスによる子殺しの危険性と保護の必要性は霊長類のメスたちを性的にとても権謀術数にさせざるを得ない。アカゲザルのメスたちは、子殺しから子どもを守るために二つの基本的な戦略を持っている。一つは群れのアルファ・オスととりわけ受胎時期に交尾することである。オスが1頭のメスと何度も交尾し、それは自分自身だけ（少なくとも本人はそう思っている）だという場合には、6ヵ月後に生まれる赤ん坊を殺そうなどとは感じないように、オスの脳はおそらく、あらかじめプログラムされているのであろう。それればかりか彼らの脳は、このような状況下で他のオスたちからメスや赤ん坊を守るために喜んで戦おうとする意志が高まるようにさえ前もってプログラムされているのである。お相手のメスたちはこのようなことは何も知らないばかりか、彼女ら自身の脳は、子殺しに対してもっとも効果的に防御できるオスと交尾したくなるように、あらかじめプログラムされているのであろう[24]。

子殺しに対する防衛の戦略がひとつだけでは十分とはいえないだろう。さきに述べたように、アカゲザル、あるいは霊長類のメス一般において、ひとつの籠にだけすべての卵を入れることは好まれていない。交尾期にアルファ・オスとだけ交尾したとして、赤ん坊が生まれる前にそのアルファ・オスが死んだり、彼の力がまったく失われたりしたらどうなるのか？

マキャベリアンのアカゲザルのメスたちはアルファ・オスを裏切るような非常用の計画を準備しているのである。彼女らはアルファ・オスと何度も交尾して、彼を生まれてくる赤ん坊の父親になるのだと思わせておきながら、アルファ・オスの背中越しに隠れて他のオスたちとも、できるだけ多く見知らぬよそ者のオスたちとも交尾するのである。アカゲザルの生活にとって6ヶ月は長い時間であり、その間にいろんなことが起こるかもしれない。たとえば、その6ヶ月間に、群れ内の他の一頭のオスがアルファ・オスに挑みかかり、新たな王となる、あるいはまったく別の若者が群れに加わってアルファ・オスになるなどということだって起こりうるのである。だからこそアカゲザルのメスは彼女らの賭けに対して防御網をめぐらせておくのであり、周りの連中の誰とでも交尾をして、彼女の赤ん坊の父親であるという可能性を誰にでも与えておくのである。これらのオスザルの何頭かが6ヵ月後にまだ周辺にいて、とくにその力が強化されていたりすると、彼らは自分の赤ん坊を殺してしまう危険性を避けるために、彼女の赤ん坊を殺そうという気持ちをなくすようになるのだろう。もう一度言うが、このどこにも、誰かの役割を作り出すようなどんな意識的な考えも理性的な判断も関わってはいない。オスはおそらくは子殺し傾向を操作するスイッチを脳のどこかに持っているのだろう。そのメスと交尾することが、たぶん少なくとも6ヵ月後に生まれてくるその特定のメスの赤ん坊に向けられる子殺し行動を止めさせるのである。私たちにはアカゲザルについて確かなことなのかどうか分からないが、何か同様のことが、サル類よりも子殺し傾向の強いオスのマウスで起こっている。オスのマウスの子殺し行動は、子どもを出産可能などんなメスとででも出会ってわずかな時間に交尾しさえすれば、抑制さ

れてしまう。そして彼らが長期間交尾することがなければ、子殺し行動は再び起動するのである。(25)

可能な限り群れの多くのオスたちと交尾することで、アカゲザルのメスはすべてのオスたちに父性の可能性を与え、赤ん坊が生まれたときにオスたちが殺したいと思う可能性を減少させているのである。しかしながらもしもアルファ・オスが群れのメスたちがどんなに権謀術数を弄しているのかを知ってしまったら、彼は直ちにたくらみをめちゃくちゃにするだろう。メスの大多数が他のオスとも交尾していればいるほど、彼が赤ん坊の父親である期待はどんどん減少し、彼はますます赤ん坊を殺したくなるだろう。くり返すが、アカゲザルのメスは状況をどのようにうまく操作するかを知っているように思われるので、アルファ・オスによって見つけられることなく、すべての若い個体と交尾しようとする。この方法ですべてのオスたちはうまく治まり、メスたちはオスから求めていたものを手に入れるのである。

まるでこれではマキャベリアンとして十分ではないようだが、それに関してはさらにあるのだ。群れのアルファ・オスは、彼がアルファ・オスになったということで、その熟達さをすでに見せつけているし、おそらく彼の遺伝子の質もそうだろう。しかし群れの他の若いオスたちは彼ら自身の力量をまだ証明していない。彼らのうちのあるものたちはアルファ・オスになる潜在的可能性を持ち、それゆえに現在のアルファ・オスの遺伝子よりは劣っていたとしても、良好な遺伝子を持っているに違いない。他方、残りのオスたちはアルファ・オスにはけっしてなれない敗者である。アカゲザルのメスたちは受胎期にはアルファ・オスとの交尾で、非受胎期には他の若いオスたちと交尾することで、彼女らの遺伝的可能性を改良していくのである。これらの若者たちが自分自身の力量を証明して見せるまで、メスたちは赤ん坊の父親として彼らにゆだねることはないだろう。アルファ・オスはこのやり方に満足しており、他のオスたちもまた混乱することはない。群れの中にいる何頭かのサル、とくに最劣位の者たちは、同様に交尾にありつけるだけで幸せであり、彼と交尾したメスが発情のピークであるかどうかなどということについてなんら気にすることはない。次にメスたちは、受胎可能かどうかをオスに知らせるときにいつも百パーセント正直だというわけではない。アカゲザルでは他の種と違って、排卵が巨大ネオンサインで広告されているわけではない。アカゲザルではそして人間も同様なのだが、メスの排卵はオスからは隠されているし、しばしばメス自身も気づかないので、メスたちにマキャベリアン的駆け引きのためのより大きな自由を与えてくれるのである。

もしアカゲザルのメスたちが上手にカードゲームをするとしたら、彼女らは群れのすべてのオスと交尾をし、アルファ・オスに彼だけが彼女と交尾した唯一のものだと思わせて、同時に他のすべてのオスザルたちに彼だけがそのメスの唯一の愛人だと思わせることだろう。これはすべてのオスにある種の父性の確信を与えるし——でも誰がわかるのだろう?——、さらに彼らに特定のメスから唯一の秘密の愛人として選ばれたのだと感じさせることで、彼らはそのメスの政治的支援を受けていると思うようになるのだろう。(26) この支援はいつの日か、彼が新たなアルファ・オスになる手助けになるはずだ。これでマキャベリアンとして十分なのか? いやもっとあるのだ。

かつて私は5頭のオスと30ないし40頭のメスからなるマカクザルの群れを研究したことがある。(27)

アルファ・オスはミスター・ティと名づけられた大きなやつで、彼は自分の仕事をうまくこなしていた。彼はタイプⅡに属するアルファ・オスで、生活上の任務は、他のオスのやつらがすることに関わり過ぎることなく、できるだけ多くのメスとできるだけ多くの機会に交尾をすることであった。数ヵ月後、たくさんの赤ん坊が生まれたときに数人の研究者たちがすべての赤ん坊の本当の父親を知るためにいくつかの遺伝的分析に時間を費やした。その結果、すべてのメスと交尾したにもかかわらず、ミスター・ティはどの赤ん坊の父親でもないということが判明した。彼は不妊で空砲を撃っていたのだ。その代わりに他の4頭のうちの3頭が大半の赤ん坊の父親であった。順位序列が最下位のやつでさえ、いつも陰に隠れて過ごし、どのメスからも5メートル以内に近づいたことを私は見たこともなかったにもかかわらず、2頭の赤ん坊の父親であった。

さてここに、メスたちがどうしてひとつの籠にすべての卵を託そうとしないのかということに対するもうひとつ別の理由が存在する。もしも籠に関して何か不都合なことが存在していたらどうするか？　すべてのメスザルがミスター・ティだけに忠節であったとしたらどんなことが起こったのか？　繰り返すが、アカゲザルのメスたちはオスの不妊については何も知らないのだけれど、彼女らはその可能性を勘定に入れるように事前にプログラムされているのである。発情したメスが他の群れのよそ者のオスと交尾するとき、彼女らはあまり優良な遺伝子を手に入れるわけではない。この場合には、彼女らはアルファ・オスの精子だけが彼女らの卵をゆだねる籠の中の唯一のものなのではないことをよく知っている。進化生物学者たちの表現によれば、これは「繁殖保険」行動と呼ばれている。(28) 最近は、もちろん、子どもを生むことに困難を抱えた女性は、粋に見える見知らぬ男性を拾うために街角のバーのあたりをうろつくのではなくて、彼女の夫と一緒に不妊治療クリニックへ行く。しかし不妊診療所はアカゲザルにとっては選択肢とはならないし、人類進化史の大半においては人間の女性に対してもそうだった。そうだからこそ、メスの脳はオスの不妊という問題に対する代替解決法を思いつくようにあらかじめプログラムされているのである。

メスの性的任務に与えられた方法について、結論的に言えば、性は人間にとってもアカゲザルにとってもビッグ・ビジネスになり得る。彼らについての生物学の成果から、アカゲザルのメスも人間の女性も性から利益を得る最上の位置にいるということがいえる。しかしながら、その性ビジネスは政治的な力を伴う複雑な関係を持っていて、ここがアカゲザルと人間との重要な相違の原因なのである。人間やアカゲザルのように権謀術数を用いるマキャベリアン的な種では権力は血縁と友人関係を伴う政治的協同を通して成就され、維持されるのである。アカゲザルのメスではオスよりずっとうまくこのゲームを行い、彼女らは力を手に入れるためにひとつになる。人間の男性はチンパンジーのような先祖の頃から政治的ゲームをうまくやる能力を継承してきたように見受けられる。だから、彼らは女性よりもうまくプレイすることができるので、その力を操作するためにひとつになれるのである。男たちはその力で、性ビジネスを女性から取り上げ、女性を喰い物にして、莫大な利益を得るために使用した。男たちは、数百万ドルの事業を動かしている会社などで、どうすれば大規模に性を売り物にできるかを学んできた。そして最終的に、私たちの社会において、性ビジネスからひどく利益をあげている者は男どもであるということなのだ。

生物学は女性の手中に大変価値のある商品を置いているけれども、彼女たちがそれを有効に使用しているわけではない。女性たちのある者は、その価値ある商品を支配していると理解しているとさえ思えない。他の女性たちもそれを低く見積もっている。マキャベリアン的性取引を成功裡に操作している女性たちでさえ、それを最小限に止めようとしているようだ。一人あるいは少数の力のある男たちを操作し、彼らにその力の幾分かを分け与えることによって、見たところではこれらの女性の起業家たちは独力で巨大な利益を得ている。残念ながら、彼女らは他の女性たちとこれらの利益を分かち合うことはないし、実際に、これらの商品を彼女たちにとって良くないものにしてしまう。さらに重要なことに、もし彼女たちが男たちにいくらかの権力を与えるためではなくて、直接権力を得るとともに他の女性たちとそれを分けあうように商品をコントロールして使うとすれば、その利益と比べたら先の利益などささいなことだ。

おそらくいつの日にか、女性たちはもっと見た目の良い子どもたちや保障されて快適な生活よりもっと違った何かを求めようと決心するだろう。彼女らはそんなものに代えて政治的権力に狙いを定めるのだろう。きっとある日、成功裏に性取引をひた走ることを学んだ女性たちは、彼女自身の個人的なゲームで遊ぶことを止めて、他の女性たちと一緒に男たちがするやり方で政党や大企業を形成しようとするだろう。そしてある日、人間社会における生活は良いほうに変化し、私たちもまたアカゲザルのようなメス間の結合に基礎づけられたメス優位の生物種になるのだろう。

写真１．タイのロプブリで開催されるカニクイザルのための年１回の祝宴（撮影：ＡＰ通信）

写真２．金色の毛をした赤ん坊を抱く大人のメス：カヨ・サンチャゴのいろいろなサルたち（撮影：ダリオ・マエストリピエリ）

写真３．映画「カリブの海賊」のパロディ（出典：www.worth1000.com.）

写真４．どちらも赤ん坊を持つ母と娘(撮影：ステフェン・ロス)

写真５．独りぼっちで：上から見つめている年長の子ども（撮影：ダリオ・マエストリピエリ）

写真６．“家族の木”カヨ・サンチャゴの景観に見惚れているアカゲザルたち（撮影：ダリオ・マエストリピエリ）

写真７．カヨ・サンチャゴで、サルと鳥と水面に映った彼らの姿（撮影：ダリオ・マエストリピエリ）

Ⅶ　親による投資

私たちの未来への投資

母親の愛情は本物である。そして、そういうことで言えば、父親の愛だって本物だ。子どもたちに対する両親の愛は他のいかなる種類の愛――自己陶酔的な自己愛、他の成人に対するロマンティックな愛、あるいは自分自身の両親への愛――とも並ぶものではない。両親は、彼ら自身のためやこの世界の他の人々のためよりずっと自分の子どもたちのために進んで何かをしたいと思っている。人々は自分自身の子どもを持つまでそのことを実感しないし、子どもを得て初めて、睡眠も時間も金も社会生活も余暇の活動も、さらには彼らが楽しむために使うもののほとんどすべてを、子どもたちのために投げ打っている自分を見出すのである。アカゲザルは愛や幸福のためにそのように多くの能動的な感情を表さないのだが、それでももし少なくとも1頭の赤ん坊を持つということになったなら、彼らにも母親の愛があるということに私の全財産を賭けても良い。母親と子どもの間の社会的な絆はアカゲザルで見出される関係の中で最強のものであり、もしそのような結びつきがそれを支える強い感情的な基礎を持っていないとしたら、私は驚愕せずにはいられない。母親の愛は、自然選択による何百万年もの結果であるがゆえに、強いのである。動物の生活はそれ自身を再生産することに完全に費やされており、母親の愛は性的欲求とともに再生産手段を作動させ続ける燃料なのである。

だが楽園には悩みもある。ものごとは母親の愛とともにひどく悪い方へ進む可能性もある。『母の愛―母の憎しみ』という本の中で、ロツィカ・パーカーは彼女の赤ん坊を窓の外へ放り投げようとする衝動を持った母親とのインタビューを報告している。[1] これらは身の毛のよだつような考えであるから、子どもを持つ人々は道徳的に恥ずかしいことだと感じる。実際に、ある母親と父親たちはこれらの衝動を行動に移して、ひどいことを子どもたちにするのである。このようなことを毎日ニュースで読んでいるはずだ。アカゲザルの母親がどんな考えを持っているのかを知る研究者はいないから、彼女らが赤ん坊に対してそんな悪い考えを持つかどうかは分からない。しかしながら、まさに人間同様に、アカゲザルの母親のある者たちは彼女らの赤ん坊に相当に意地の悪いことをする。[2] 母親の愛の病理はこの章では取り上げないし、ここではこれ以上何もいわない。その代わりに、悪く聞こえても言っておきたいことがある。それは、母の愛は他のすべてがそうであるように――いやおそらく他のなにものよりもそうであるに違いないのだが――経済学によって説明可能なのだということである。

育児についての私たちの理解はロバート・トリヴァースという進化生物学者によって大変革させられた。彼の「親による投資仮説[3]」は子どもに対する投資は資本市場における投資と基本的に

図15．ふたごを抱く母親（撮影：ダリオ・マエストリピエリ）

図16．交尾期を待っている：メスたちが赤ん坊の世話で忙しいときに居眠りしている大人のオス（撮影：ダリオ・マエストリピエリ）

はなんら変わるところがないという洞察に基礎づけられている。そこにはもちろんわずかながら異なった点もある。両親は子どもたちに投資するときには、通常は金銭的利益ではなくて、未来の世代に彼らの遺伝子を運び得るようなたくさんの孫たちを得ることを望むのである。親による投資の費用は——少なくとも動物では——両親自身の生存や多くの子どもを産むチャンスの多寡ということで測定される。基本的にはトリヴァースの考え方は、親が子どもに与えるすべて——時間、労力、あるいは食物——は、そうすることで彼ら自身と他の子どもたちのためには減少する、ということなのだ。両親が外敵から子どもたちを防御するためにリスクを負うときには、自分自身の生存と将来の繁殖を賭けるのである。

育児は言葉の真に経済的意味での投資なのであり、他のあらゆる投資と同様のものなのであるから、負担対利益のバランスによって調整されている。両親は利益が負担よりも大きくなるように子どもたちに投資するのである。彼らのバランスが赤字になるようなときには、両親はその取引から降りるだろう。動物では親による投資という取引が継続されるか否かという決定は合理的であったり、計算機を手にしてなされるわけではない。大多数の動物では数百万年に及ぶ進化によって動物の脳内に刻み込まれているのである。自然選択は間違った投資決断をしたすべての投資家を資本市場の外へ追い出してきたので、今日の大多数の投資家たちは経済的に調和の取れた決定をしているのである。人々は動物たちがするような経済的に調和の取れた両親による投資決定をするように動物たちと同じ生物学的な生来の習性を身につけている。だが、そのような決定をするべき時に、他のたくさんのことがらが進化的な費用対効果に加えて全体状況の中に浮かび上がってくる。それで人間の両親は、それが損失の原因だというときにさえ、子どもたちに対する投資をし続けるのである。

母親の愛を経済的投資の原理で説明するということはとても皮肉なことのように聞こえる。しかしながら費用対効果のレンズを通してみたときに、親の行動は、子どもたちの行動に言及しなくてさえも、マキャベリアン的に見えるだろう。さて、マキャベリの著書『君主論』は軍事力、政治および戦争についての本であるが、もし彼が今日生きていて、この本の新版を書いたとしたら、さらに親と子どもの間の権力闘争の章を加えていたに違いないと確信する。彼はその章を書く前にしばらくの間、アカゲザルを観察するほうが賢明であろう。

資本市場の駆け引き

アカゲザルのメスのある者たちは2歳半で最初の月経期を持ち、交尾し、妊娠し、6ヵ月後には最初の赤ん坊を持つことになる。しかし、彼女らの大半は正常に妊娠することを逃して、1年後に最初の赤ん坊を持つことになる。3歳か4歳の時点では、アカゲザルのメスはまだ成長し続けており、彼女はさらに1年か2年成長し続ける。しかしこの年齢で、アカゲザルのメスたちは赤ん坊にたいそう興味を持っていて赤ん坊たちの扱い方を知っている。アカゲザルのメスがおよそ1歳になって、新たな一群の赤ん坊が群れに生まれると、彼女たちはさっそく赤ん坊たちに多大な興味を示す。赤ん坊たちに近づいて、彼らを調べてみる――くんくん臭いを嗅いだり、触ったり、そしてもしその赤ん坊の母親が許してくれるのならちょっとの間、彼らを捕まえようとする。1歳のオスは赤ん坊たちに対する関心がないようだ。彼らは他のオスの同年仲間たちと取っ組み合ったり、追いかけあったりするのにまったく忙しい。1年後に2歳になると、メスとオスの赤ん坊に対する興味の持ち方の違いがいっそう強くなって、彼らのその後の生涯における道筋が違ってくるのである。

人間の女の子もまた早くから男の子以上に赤ん坊にとても強い興味を持つ[4]。少なからぬ人類学者や心理学者たちは、これは男の子たちがおもちゃのトラックを与えられてトラック運転手や軍人や他の男性らしい職業に就くように仕向けられるのに対して、若い女の子たちが両親によって人形で遊んだり、子どもの世話をしたりするように仕向けられるからだと信じている。そういうことは確かに起こるだろう。だが、そういう社会化よりももっと影響するものがあるのだ。出生前に過剰な男性ホルモンに曝されたことに起因する「先天的副腎肥大」と呼ばれる臨床症状を持つ女の子たちは、外見が男の子のようで他の女の子たちほどには人形遊びなどを好まない[5]。アカゲザルのメスたちは娘たちに赤ん坊と遊ぶように仕向けるわけではないし、逆に男の子たちからその機会を取り上げるわけでもないにもかかわらず、性差は確かに存在するのだ。そして、もしアカゲザルの子どもに人形で遊ぶかおもちゃのトラックで遊ぶかを選択させたら[6]、どうなると思うか。きっとメスたちは人形を選び、オスたちはトラックを好むに違いない。だから、もしいつか大人のアカゲザルのオスが大型トラックの車輪の後にいるのを見かけたら、どうか彼に関わらないでお巡りさんを呼んだ方が良いと思う。

若いメスたちが生物学的に赤ん坊にひきつけられるように――あるいは赤ん坊をあたかも人形のように見るように――あらかじめその気にさせられているらしい理由は、彼女らが母親になる前にある程度の経験をつんでおく必要があるからである。赤ん坊に興味を持つことはおそらくは脳に組み込まれたことなのであろうが、良い母親になることはそうではないので、ある種の学習を必要とするのである。そこで1歳から3歳の間にアカゲザルのメスたちは母親が赤ん坊にどんなことをするのかを見て、できる限り多く、彼女らの赤ん坊に触ったり、抱いたりしようとする。アカゲザルの母親たちは単純にベビーシッターを信用したりしないから、彼女らは本当に子守りをするのではない。赤ん坊との経験をたくさん持つメスのほうが、最初の赤ん坊が生まれるときに、良い母親になれるという理由で、そのような行動を見るたびに、それが子守りという仕事であるかのように見えるのである(7)。

とは言うものの、1日24時間ずっと赤ん坊を胸にくっつけて運ぶということは、わずかの間だけ赤ん坊と遊ぶというのとはわけが違う。若い母親の中には、出産直後に赤ん坊を地面にどさっと落とすものがいるし、それ以上赤ん坊に何にもしたがらないものもいる。このような赤ん坊は拾い上げられる前に死ぬか、群れの中でたまたま母乳が出ているような別のメスによって養育される。そのような育児放棄は、若くて初産の母にだけ特有なものである(8)。出産経験のある年長のメスは、病気だったり、赤ん坊といることでなにか不都合なことが生じない限り、育児放棄はしない。もちろん未経験のすべてのメスが育児放棄するわけではないが、一部にそういうことがあっても、それは初産のときだけである。彼女たちが翌年に再び出産するときには赤ん坊をちゃんと養って、完全な母親になるのである。

赤ん坊の遺棄は必ずしも母性愛が悪いほうへ行った事例であるというわけではない。そうではなくて赤ん坊を放棄した若い母親たちは、おそらく彼女たち自身にとっては正しいことをしているのであろう。赤ん坊に与えるために母乳を産生することは、多くのカロリーを燃焼させるという意味で精力的にとても高価なことである。ちゃんと妊娠した若いメスたちの中には、まだ自分自身が成長中で、他のすべての同世代よりも大きく、強くなることを確かにするために採食する食物の全カロリーを自分のために利用しなければならないものがいるのだ。もし彼女たちが成熟前に早まって、赤ん坊のために彼女らの食物を母乳に代えてしまったならば、彼女たちの成長は阻害され、将来たくさんの健康な赤ん坊を得るという可能性が損われてしまうかも知れない。十分に成長した若いメスたちあるいは十分に体脂肪を蓄積したメスたちは、たぶん早期に赤ん坊を生んで、ちゃんと育てるだろう。ヤーキスセンターには、少なくとも三世代にわたるすべてのメスたちが著しく太ってしまったというアカゲザルの群れがいる。彼女らは全部その最初の赤ん坊をずっと若いときに生んで、一度も放棄したことがなかった。3歳になった時点でこの家系のメスたちは十分大きくなり、すでに大人のように見えたものだ。彼女らが肥満の遺伝子を持っているのか、あるいは彼女らの家族たちを見てその食習慣を好転させたのかは、私には分からない。どんな場合でも、私たちは体脂肪が人々においても同様に早期の生殖を促進することを知っている。本格的な運動選手であるために、あるいは拒食症や自分で絶食しているために、とても痩せた未成熟な女の子は、他の女の子たちよりも初潮が遅れるのである(9)。

人間の赤ん坊の遺棄は道徳的に受け入れられないし、10代の母親がそんなことをすれば刑務所に入れられてしまう。しかしアカゲザルの世界では、倫理性は問題とはならない。サルは遺棄された赤ん坊の泣き声を聞いて困惑し、その子のためにどうにかするかもしれないが、その母親に向けての道徳的な激怒などはないし、だれもそのサルを刑務所に入れたりはしない。当の母親はというと、何も後悔しているようには見えない。子どもが生き残るチャンスが少ないときや育児が過大な負担になるときに、動物の脳のスイッチは母性愛を切断してしまうのだ。アカゲザルの最初に生まれた赤ん坊はさまざまな理由でほとんど生き残ることができない。そして彼らは母親たちにとって、彼女らの成長と将来の繁殖を妨げるという点で、もしかするととても負担の大きなものなのである。若い母親たちのあるものにとっては負担は利益よりも大きくて、そうだからこそ赤ん坊は捨てられるのである。どうしてこのような未成熟なメスたちは性交の抑制を実践して、彼女らが大人になるまで最初の赤ん坊を生むことを待たないのだろうか？　そう、問題は彼女らの性行動を調整する脳の領域が、つねに可能な限り早期に赤ん坊を生み始めるように身体に仕向けようとし続けるということなのである。もしも、――たとえば、やせっぽちなどの理由で――身体が母体としてまだ十分でないとしたら、その体はできるだけ繁殖を遅らせるか、抑制しようとする。その機能が働かないときには、赤ん坊が生まれたときに母性愛のスイッチをオフにするのだろう。ものごとを複雑にするのだが、赤ん坊自身は実際に生まれるときまで母性が出来上がっているのかどうかまったく知っているわけではない。たとえば、未成熟なアカゲザルでは繁殖期に交尾したときにはやせっぽちだったのに、6ヵ月後には授乳に耐えられるだけ十分にふ

図17. 子育てを学ぶ：若いメスが彼女の母親と新しい赤ん坊を見つめている（撮影：ダリオ・マエストリピエリ）

図18. 赤ん坊を持つ２頭の大人メスの間で、お互いの赤ん坊に触れたり、グッグッグッという音声（グランツ）を出したりしている（撮影：ダリオ・マエストリピエリ）

っくらしていることだってあり得る。よくわからない状況で未成熟な身体は母性を打ち払ってしまい、赤ん坊が生まれたときに見込みがなさそうに見えたら、「ごめんね、私、結局、早すぎたと思うのよね」というのだ。

ハツカネズミやその他のある種の動物たちでは、母性愛を切断する同様のスイッチが子どもたちを自分の餌に変えてしまうこともある。それで、ことが悪いほうへ変化するときには、母親たちは子どもたちを遺棄するだけではなくて、彼らを共食いしてしまうこともあるのだ(10)。私はこのことを何年も前に学んだ。実験室で飼育していたマウス（ハツカネズミ）たちにケージの中で十分な餌と水とを与えることを確実に行うという研究補助者としての私の仕事の際のことだった。私は一度だけマウスの母親や子どもたちと一緒にケージの中にあった一瓶の水を不注意にもこぼしてしまった。彼女の寝床は水浸しに——そして私はとてもうろたえたのだが——なると同時に、母親は子どもたちを殺して食べ始めたのであった。彼女の心には洪水が子どもたちの将来を暗くするように見えるなにものかであったのだ。水をこぼして彼女の寝床を水浸しにすることで、私は親による世話の利益と費用の間のバランスを変化させたのだ。私は利益をぶち壊し、それは費用よりも低くなってしまったので、母親は直ちに行動を起こして親として行う取引から逃げ出してしまったのである。彼女は、ハリケーン・カトリーナがニューオリンズを直撃した直後に、カトリーナが経済に打撃を与え、彼らの株券を無価値なものにしてしまうということを知っていたからこそ、株式市場を撤退したアメリカ人のように振る舞ったのであった。

彼女のように生き残ることと繁殖機械であることで、メスのマウスは溢れ出た母乳、この事例の場合は水だが、の上で泣き叫ぶようないかなる時間も浪費するのではなくて、破滅の運命にある子どもたちを単純に彼女の愛の巣から晩餐のテーブル上に移動させるだけなのである。彼女はすでに次回の子どもの一群のために働いているのであり、タンパク質と脂肪に富んだ優良な食事が彼女の生存とさらなる出産を明らかに手助けしてくれるのである。メスのマウスは一般的には出産後数日で次の妊娠をするし、その後の3週間ごとに出産し、そのたびに一度に8頭から12頭の子どもを生む。だから、マウスは厄介者で根絶するのが難しい。マウスの脳内にある母性愛のスイッチはすばやく容易にオン—オフを切り替えることができる。ものごとが悪く変化するかもしれないというわずかな手がかりで、母親はさっと損失を切り捨てて再出発するのだ。アカゲザルや人間では子どもをつくるのに3週間では足りないし、一度に12頭もの子どもを生まない。だからこそ、彼らは雨が降り始めたのに傘が見当たらないからといってそのたびに彼らの子どもを共食いしたりはしないのである。しかしながら、アカゲザルの脳にも人間の脳にも、同様の母性愛スイッチが存在しているのである。

最初の数日の愛と興奮

太陽は燦燦と輝き、経済はうまくいっていて、妊娠しているメスたちは健康で楽天的で赤ん坊を出産する準備はすでにできているという具合に、アカゲザルの住人たちにとってすばらしい日であった。ついにメスの赤ん坊が産まれ、赤ん坊は健康だが空腹で、母親にそっくりであるとともにアルファ・オスに似たちびっこのようにも見える。あるいはちょうど順位階層を下げたばかりのオスにも似ている。あるいはある日出現した魅力的で口がうまかったけれど、うまくやったあとで消えてしまった若いやつにも似ているようだ。大したことじゃない。

アカゲザルのメスが赤ん坊を生んだ日でなにごともがうまくいっているとき、赤ん坊は母親が心の中で気がかりなすべてである。赤ん坊は彼女の望むことのすべてであり、この子を育てるためにはどんなことでもしようと決心している。もし彼女から赤ん坊を取り上げて、他のメスの赤ん坊をあてがったとしたら、彼女はその子を受け入れてあたかもその子が自分の赤ん坊であったかのように育てるだろう。彼女はその子が自分の赤ん坊でないことを知っているにもかかわらず、ともかくその子を引き受けるのである。赤ん坊が欲しいのだ。残念だけれど誰のどんな子でもまったく赤ん坊がいないよりはましなのだ。

かつて私たちはメスの赤ん坊たちが出産時に別の母親と取り替えられるような研究計画を実施したことがあった。赤ん坊の取りかえ、あるいは子どもの交換養育という実験行為は、メスが出産した直後のわずかな時間で実行され、ある母親の赤ん坊が別の赤ん坊と取り替えられるときには完全に同日に生まれた同性とであるように行われる(11)。赤ん坊の交換でもっとも大きな困難は赤ん坊の出産直後にできるだけすばやくやるという点である。アカゲザルのメスたちは人間の周辺やものごとが正常に見えないときに赤ん坊を出産することを好まない。もし妊娠しているメスに陣痛が始まっても誰かがそれを見守っていたり、彼女の周辺で何かが通常でないように見えたりすれば、彼女は陣痛を中断して何事もなかったように振る舞い、数時間後あるいは翌日にまた、出産に再挑戦するのである。

私が働いていたケンブリッジ大学やヤーキスセンターでは、アカゲザルは、通常は夜にあるいは週末や国民の祝日、つまりいつでも周りに人がいないときに、赤ん坊を出産していた。アカゲザルは、誰も仕事に来ないということで、週末が一週間の中で他の日とは異なった日であると確実にわかっている。彼らはこのような週末が規則的にやってくることもまた知っている。実際に週内の日々を数えているのかどうかは分からないが、おそらく彼らは金曜日の午後に人々がサルたちの周辺でするなにか（苦痛それとも幸福？）で週末がやってくることを知ることができるのだ。これらは、利口な動物が周囲の人々に完全に依存して生活している時に、学んで理解することがらなのである。私たちの飼い猫や飼い犬あるいはクレバー・ハンス[12]のような馬は、私たちの行動を予測してもっと多くの食物や望むどんなものでも、与えるようにさせる方法を理解するために、年中無休（7日24時間ずっと）で、私たちのすべての動きを見ている。アカゲザルのメスたちが出産するとき望むことは周りに誰もいないことである、ただそれだけ。私たちにとって幸運なことに、ヤーキスセンターで私たちの赤ん坊取り替え計画を実施中に、毎日、新生児に目を光らせている研究者が少なくとも一人はいた。だからアカゲザルの出産期のどの週末も祝日も呼び出され、仕事をしなければならなかった。利用可能な１５００頭を越すアカゲザル集団で、私たちは同日に母子交換に使用するための条件を満たした少なくとも2頭の赤ん坊を見る幸運に恵まれた。

赤ん坊の交換は24時間あるいは48時間以内に行なわれなければならないということを——他の

人々と会話し、科学論文を読んで――私は確信した。それはアカゲザルの母親が赤ん坊の容姿や臭いや声などで彼らを認識するのにどれくらいの時間がいるのかということである。そこで私はアカゲザルの母親が、自分自身の子であるとだまされて信じさせられるときにだけ、他のメスの赤ん坊を拾い上げると信じたのである。それから私は実際に見た。新しい母親の赤ん坊は彼女から離され、別のメスの赤ん坊が彼女のケージの床に置かれた。母親は赤ん坊に歩み寄って見つめ、ちょっとの間その赤ん坊に触ることなく臭いをかいでから、立ち去ってケージの反対側の端に座ってしまった。十分間、彼女は無関心に振る舞い、赤ん坊を見ることとさえなかった。それからだしぬけに彼女は立ち上がり、赤ん坊に歩み寄って拾い上げ、赤ん坊を胸に押しつけた。まさに彼女は赤ん坊を養育することを決心したのだ。その瞬間から――そして彼女の残りの生活において――赤ん坊は彼女のものとなったのである。そのとき、私たちが出生後できるだけ早期に赤ん坊を交換しようとしていても、私たちには誰も本当に騙すことなどできない、ということを私ははっきりと理解した。ちょうど人間の母親と同じようにアカゲザルの母親はたぶん出産後の数時間――きっと数分――以内に自分の赤ん坊を認識することを学んでいるのである。私たちはこのことをあるときに確認した。というのは、良好な交換相手が見つからないときに、私たちは同じ群れにいる2頭のメスザルの間で赤ん坊を交換したのだ。養育は初めのうちは両方の母親でうまくいっていたのだが、彼女たちが群れに戻って数分後に、それぞれの母親は再び本当の自分の赤ん坊を抱いていたのである。彼女らはお互いに赤ん坊を交換しなおしたのだ。

アカゲザルでうまく赤ん坊の養育をさせる鍵は、人間と同様に、認識ではなくて動機なのだ。(13)

人間は他のカップルに生まれた赤ん坊を養育するが、その理由は、これらの子どもたちが自分自身のものであるからというわけではなく、彼らがとても子どもを欲しいという動機を持っているからである。アカゲザルではどんな赤ん坊でもいいから持ちたいというメスの動機は出産後にとても強くなる。それは本当に強いので時には1頭の赤ん坊では満足できなくなる。ヤーキスセンターである時、1頭の高齢のメスとその娘が同日に出産した。次の日、高齢のほうのメスは胸に2頭の赤ん坊を抱いていた。これはアカゲザルでは稀にしかない双子の事例ではない。年長のメスは群れの中で若い初産の母親がちょうど遺棄した赤ん坊を拾い上げて養育することにしたのだ。そして、さらに次の日、今度は娘の方もまた胸に2頭の赤ん坊を抱いていたのである。彼女は自分の母親が2頭の赤ん坊を抱いているのを見て、自分ももう1頭欲しくなったのだ。彼女が2番目の赤ん坊をどこで見つけたのかが私たちにはどうしても分からなかった。同時に2頭の赤ん坊を育てることはアカゲザルのメスにとっては、自分がスーパーママだという自覚があったとしても、とても骨の折れることである。結局は高齢のメスの方はうまく育てたけれど、娘のほうは赤ん坊の1頭を亡くしてしまった。

アカゲザルにおける養育のこれらの自発的な事例は、メスが出産した後の数日以内に起こるのが一般的である。その後は母性的な動機が薄れ始め、それは赤ん坊を養育しようとするメスとしての意志になる。出産後1週か2週で、養育の成功率はほとんどゼロになる。しかし母性愛はアカゲザルの母親が、生物学的に言えば「失敗した」当初において強く、自分の子でない赤ん坊を育てるだろう。この強固な母性愛の理由は経済学的であると同様に生理学的である。母性的な動機は出産時前後の母体内に生起するホルモン変動によって作動させられる。さらに新生児を初期に生き続けさせるコストは低く、赤ん坊の生存にとって母親の親としての行動が大きな違いを生じ得るので、母性的行動の利益は高い。しかしながら、日数が経つと赤ん坊を維持するためのコストがどんどん高くなり、母親の行動が生存を左右する可能性はどんどん低くなる。母性愛は消失し始め、母親は有能な会計士となって彼女らの赤ん坊たちのために使う小銭さえも計算し始めるのである。

親業

赤ん坊の生活における最初の1週間というもの、アカゲザルの母親たちは赤ん坊のあちこちを自分の手で掴み、思ったときに何時でも赤ん坊に乳を飲ませようとし、赤ん坊が泣けば何時でもそれに反応する。もし赤ん坊が活発で母親の周囲を歩き回ろうとすると、母親は赤ん坊の尻尾を掴んでごく近くに止めておくか、彼らを目で追いながらほんのわずかな危険の兆候があれば直ちに赤ん坊を取り戻すのである。1週あるいは2週たっても、母親はまだ四六時中赤ん坊を運んでいるけれども、もはや彼女らの腕でずっと赤ん坊を抱き続けることはなく、ちょっとした泣き声は無視するし、赤ん坊が乳を飲もうとするのを拒絶し始める。もしも赤ん坊が親を離れてうろちょろしても母親はそのことに対しては何もしないので、赤ん坊たちは自分自身で戻ってくることを学ばなくてはならない。何が起こったのかといえば、母親たちはすでに次の赤ん坊について考え始めていて現在の子どもについての投資は減少し始めているということなのだ。

次の赤ん坊を持つことが可能になるためには、アカゲザルの母親は今の子どもを早く離乳させなければならない。ある人々は母乳育児が終わるときのことを離乳と呼び、赤ん坊は固形食を食べ始める。実際にはアカゲザルの赤ん坊でも人間の子どもでも母乳を飲むことを止めるとその日のうちにハンバーガーやフライを食べ始めるわけではない。離乳はほとんど出生から始まるゆるやかな過程である。母親は毎日マクドナルドまで子どもを連れて行って、毎日彼らは赤ん坊と一緒に店のメニュを、どんなものがあるのかを説明しながら、詳しく見る時間を少しずつ増やしながら過ごすのである。赤ん坊たちがもはや母親のミルクをもらえないということが現実的になる時点で、それまでに彼らはすでにビッグマックを食べられるようになっているのである。

ファスト・フード・チェーンにお金を払うことは母親が次の子どもを持つことに何の手助けにもならない。問題はもし赤ん坊の口が一日にある回数以上、母親の乳首を吸っているならば、神経細胞とホルモンを含む母体の内側で何かが起きて、彼女が排卵して繁殖することを妨げるということである。[14] 赤ん坊を持っている女性は妊娠しないということは誰でも知っているようだ。しかし、セックスをして衝撃を受けた女性が出産のわずか数週間のうちに妊娠したということを、私は聞いたことがある。赤ん坊を持つこと自体は避妊薬ではない。新しい母親は赤ん坊に授乳中に限って不妊であって、排卵を回避するためには子どもを持つことだけでは十分ではない。科学的に言えば、この種の不妊は授乳期無月経と呼ばれている。だからアカゲザルのメスも人間の女性も出産した直後でも妊娠することができるマウスのメスとは違ったもので、さらには他の霊長類とも異なっている。授乳時無月経は本質的には母親に次の兄弟の早すぎる出産をさせないようにする子どもたちによるマキャベリ的な計略である。どうしてそうなのかはこのあと明らかになるだろう。

アカゲザルの母親は次の交尾期に再び排卵し妊娠することを可能にするために、およそ6カ月で彼女らの赤ん坊の頻繁な吸乳を減少させなければならない。くつろぎすぎたり、赤ん坊に好きなだけいつでも、たとえ1ヶ月でも余分に、母乳を吸わせていたような母親は、次の交尾期に新たな赤ん坊を妊娠する機会を逃してしまうから、彼女たちはできるだけ早く断乳を始めなければならない[15]。繁殖季節性は、もし彼らが交尾期を逃したら、もう一年待たなければならないという意味で、アカゲザルに特異な圧力を与えている。そこで、赤ん坊が2、3週齢になったところで母親は探乳のいくらかを拒絶し始め、週齢あるいは月齢が進むにつれてその拒絶頻度を多くしていくのである。赤ん坊がちょっとした散歩の後に母乳を飲むために母親のところへ戻ってきたときに、母親たちは授乳を拒絶して赤ん坊を近くに寄せつけないようにさせる。彼女らはおよそ手の届く距離に赤ん坊たちを置いておくか、さもなくば目配りをしつつ赤ん坊から離れていくか、もしくは赤ん坊が乳首に触れることができないように彼女らの胸越しに赤ん坊の腕をしっかりと掴んでいる。もしも赤ん坊が探乳にしつこく固執するようなら、ぴしゃりと叩かれてしまう。母親はまだ赤ん坊のためにたくさんの時間を費やしていて、もしも赤ん坊が深刻なトラブルに巻き込まれたら助けてやる——彼女らの今後の生活のためにそうするのだが——けれども、赤ん坊がどんなに空腹で泣き叫んでもそれには反応せずに、赤ん坊たちの吸乳時間をできるだけ切り詰めようとするのである。再び言うが、母親の行動は経済学的に最適なのだ。赤ん坊の要求に無頓着であることで、赤ん坊は母親の援助なしに生き延びる能力をだんだん身につけ始める（それは親の世話の利益を拒否することだ）。授乳を続けるということが、赤ん坊たちが母親のエネルギー資源を流出させるということだけではなくて将来の繁殖を危うくするという意味で、潜在的に高くつき始めているということである。人間の母親と赤ん坊の間でも同様のことが生じているが、アカゲザルでは人間よりもずっとすばやくすべてが起こっているのである。

明らかに、母親がちっとも投資してくれなくなった赤ん坊たちは満足することができない。世話されることが減れば減るほど彼らの要求は増加する。アカゲザルの母親が赤ん坊を離乳させ始めるその日から、本質的には赤ん坊の誕生の翌日からなのだが、母親と赤ん坊は、母親からの無関心、拒絶あるいはあからさまな攻撃と赤ん坊の悲鳴、喚き声、癇癪によって特徴づけられる日々の言い争いを繰り広げる。これらの諍いは交尾期が始まって母親たちが赤ん坊に費やす時間よりも性行為に関心を示すことのほうが多くなり始めるときにまさに本物の争いとして最高潮に達するまで激しさを増すのである[16]。これらの諍いと争いの原因は母親と赤ん坊が費用対効果を同じようには計算しないからであって、片一方にとって最上のことがらが、他方が最上となるためには必要でないからである。これらのことを明らかにして私たちが納得できるように説明してくれた若者こそ、もう一度言うが、ロバート・トリヴァースであったのだ。

母親と子どもの間の諍い

トリヴァースは、私たちが誰でも見ることのある両親と子供たちの間の諍いが遺伝的な動機――相関係数と呼ばれるもので処置する何か（親の遺伝子との相関を持つ回帰係数）――を持っていると説明した。[17] 遺伝的な相関係数とは2個体が遺伝的相続の利点として同一の遺伝子を共有する可能性のことである。それはゼロから1の間で変動する。子どもは母親からどのような遺伝子を継承しても全体の50％の可能性であり、残りの50％の可能性は父親からのものであるから、母子間の遺伝的相関係数は0.5である。兄弟姉妹は同一の遺伝子（彼らがみんな母親あるいは父親からのどちらかから、それを相続するとして）を持つ可能性が50％であって、異なる遺伝子（もし1人の子どもが母親から、それ以外の子どもが父親から継承するとして）を相続する可能性もまた50％であるから、兄弟姉妹間の遺伝的相関係数もまた0.5である。子どもたちが彼らの祖父あるいは祖母、あるいはおじ・おばに由来する特別な遺伝子を共有する可能性は0・25で、曽祖父母やいとことの関係ではそれが0・125になる。次のような話は遺伝的な相関係数がいかに両親と子どもの間の諍いをうまく説明するかの例示を助けてくれるだろう。

私の友人のジェシカにはサラという名の女の赤ちゃんがいて、彼女をとても愛していた。不幸にも、ジェシカとサラの父親の間がうまくいかなくなって、彼らはサラが生まれる数ヶ月前に別れてしまった。幸運なことにその後ジェシカはジェフという素敵な男性に出会った。うまいことに彼らはすぐに仲良くなって結婚へ向けての計画が進んでいった。ジェシカは1年間サラを母乳で育ててから、その授乳をストップしようと決心していた。と言うのは彼女がジェフとの間の子供を産む可能性があったからである。医者たちは母乳による育児は赤ん坊のために良いことで、ジェシカはもっと長くサラを母乳で育てることができると言うが、彼女はそうするつもりはない。しかし、サラに対してと同様に、ジェシカは次の子どもを1年間母乳で育てることだろう。ジェシカは彼女のそれぞれの子どもに同じ遺伝的な相関係数を持っているだろう——それは0.5なのだ——。だから彼女は子どもたちを同じように愛し、彼女が彼らにしてやりたいことは母乳を与えることに始まり、どんなことでも公平にしようと望むのである。

そして、授乳育児から8、9か月たつと、ベビーフードへ徐々にスムーズに移行させようとして、ジェシカはサラに与える母乳をどんどん減らし始めるのである。しかしサラはこれをまったく好まない。彼女は母乳を減らすのではなくて、もっと欲しいのだ。確かに、彼女はある日ハンバーガーやフライを食べ始めるだろうが、何でそんなに急ぐのか？　彼女が元気で準備が完了したときに、母親がそう言わなくても、サラはミルクを飲むことをやめたいと思うだろう。サラは小さな妹か弟を持って嬉しくなっただろうが、この新しい兄弟あるいは姉妹はサラの遺伝子を4分の1しか共有していない。この兄弟はたぶんジェフの子供でもあって、ジェフの遺伝子の半分を持っているのだ。サラが彼女自身のためにミルクを全部飲むことができるときに、どうして75％は自分と関係がない誰かのために母親のミルクを無駄に使うのか。そしてミルクだけのことではない。サラはママがしてくれるすべてのこと——ママの注目、時間、それにお金——を半分ジェフの子どもと分割しなければならないようになるのである。ママはジェフの子どもを持つことができるように、すぐにではないにしても、たくさん同様の子どもを持つことだってあるのだ。ジェシカとジェフの関心は少なくとも次の1年間はサラに向けられるだろうが、2年も3年もそうなのではないだろう。

アカゲザルの赤ん坊や人間の子どもは、その両親たちが彼らに与えようとするものをもっとたくさん手に入れようとしてどうするのだろうか？　この葛藤は親のほうがより大きく子どもたちが欲しがる資源量をコントロールし、彼らのやり方をとるために物理的な力を行使することもできるということで、最初はアンバランスであるように見える。子どもにとって勝利の可能性はどんなものだろうか？　さて、ロバート・トリヴァースは、赤ん坊と子どもたちは、欲しいものを自由に得るためにまったくマキャベリアン的な策略を使うことを示唆している。アカゲザルの赤ん坊も人間の子どもも同じ鞄からそれらの策略を引っ張り出す。絶え間ないヒステリックな泣き声で両親を疲れ果てさせることは、策略などと考えるまでもなく、とても基本的なことである。実際よりももっと幼いようにまたは保護を必要としているように装うことはよい策略だ。そこで、実際以上に自立しているように、そしてもっと年長者であるかのように成熟した行動を見せたりする代わりに、赤ん坊や子供たちはより幼い年頃の行動に後戻りするのである。彼らは親たちにからみつき、再び小さな赤ん坊のように話し、片時も休まず助けを呼び続け、あらゆる種類のより子供っぽい行動を示すのである。もう一つの策略は病気や今にも死にそうなふりをすることである。彼らが母乳を拒否されて以後、アカゲザルの赤ん坊はあたかも癲癇の発作であるかのようにからだを震わせ、悲鳴を上げながら、地面に身を投げ出し、死んだふりをし、それから突然に動かなくなる（でもいつもちらっと母親を覗き見して、母親らが見てくれているかどうかを見ているのだが）。人間の赤ん坊は似たような戦略をとる。私は、小児科医が夜泣きと呼ぶもの――赤ん坊たちが出産当初の2、3カ月に毎晩数時間狂ったように泣き叫ぶ状態――が、あたかも病気であるかのように装い、両親にもっと世話をさせるために人間の赤ん坊によって（意識的にではなくて遺伝的に）つくりだされた策略だと考えている[18]。すべての赤ん坊が夜泣きをするわけではないのは、夜泣きが危険をはらんだ戦略だからであり、夜泣きをする赤ん坊が生存の危機を現実に発動させてしまうことがあるからだ。かつて私は、疲れ切った母親が夜泣きの激しい赤ん坊を静かにさせるために誤って哺乳瓶の中に大量のウォッカを入れて、赤ん坊を殺してしまったというニュースを読んだことがある。自分を救済するように強要する目的で両親を巻き込むことは、別の意味で良い策略である。鳥類研究者たちは、ひな鳥が両親から餌をもらうために親に対して出来るだけ大きな声で懇願することが捕食者の注意を惹きつけると思っている。両親はキツネがやってきてひな鳥を食べる前に、ひな鳥を黙らせるために与えられるだけの餌をすべてひな鳥たちに急いで与えなければならない[19]。もしも鳥のひなたちがこのやり方で両親に強要するような十分にマキャベリアンであるとしたら、私たちはアカゲザルの赤ん坊や人間の子どもたちからどんなことを予想することができるのだろうか？

アカゲザルの赤ん坊もまた相当にあからさまな策略を用いる。母親が発情期に交尾して妊娠しようとしているときに、赤ん坊はオスの背中に飛び乗って母親から彼を引き離そうとする。あるいは赤ん坊は母親とオスの体の間に自分自身を押し込んで両者を離れさせようとするかもしれない。赤ん坊たちは母親によって一時的にせよ見捨てられるときに動揺させられるのだ。そして赤ん坊の中のある者たち、とくにメスたちは、あたかも彼らがひどく弱って見えるように振る舞うのである。[20] 明らかにこれらの赤ん坊たちは動揺しているわけでも、とくにその日にわずかな母乳をめぐって母親と争っているわけでもない。賭けられているのは彼らのぴったり1年分の価値のある母乳であり、母親からの注目なのである。もし母親が妊娠しているなら、その6ヶ月後には赤ん坊はもはや背負われることはなく、母親の乳首も新しい赤ん坊にいつも占められてしまうだろう。もし赤ん坊が母親を交尾させずにおくことに成功したら、子どもであるというだけで得られる利益はすべてもう1年間延長させられるのである。

母親を交尾させずにおこうとする試みは、母親の怒りを買うかもしれないしオスによって怪我をさせられるかもしれない。だから、この戦略は赤ん坊の最後の手段なのかもしれない。もしも赤ん坊が母親のからだの内側で避妊のために立ち回ることができるのならもっとよいだろう。そんなやり方なら、母親はやりたいように交尾することができるし、みんなが幸せになれるのだ。もしも赤ん坊が出生後の最初の6ヶ月間に激しく吸乳し、それが交尾期の間ずっと続くとしたら、彼らは母親の繁殖力を抑制するだろうし、母親たちはたとえどんなにたくさん交尾しようとも妊娠に至ることはないだろう。

生まれて間のない赤ん坊は母親が再び妊娠することを妨げるために働き始める。実際に、彼らは生まれるよりも前からそれをスタートさせているのである。小競り合いは行動となる前に遺伝的に存在する。赤ん坊たちは遺伝的に母親との小競り合いをあらかじめプログラムされているだけではなくて、どんな母親かによって諍いを増減させるようあらかじめ仕組まれているのである。赤ん坊に対してけちであるような性向をもつアカゲザルの母親たちは、とても激しく要求するような性向を持つ赤ん坊を出産する。私たちはアカゲザルの赤ん坊たちを異なった母親と交換するという研究でこのことを発見した。これらの赤ん坊たちが最初の交尾期を経験する6カ月から9か月齢で研究していたときに、赤ん坊たちが養母からの投資を要求している度合いが養母の抵抗（彼女たちの排除行動）の度合いとは一致せず、彼ら赤ん坊たちが生後見たこともないはずの生物学的な母親の抵抗傾向とは一致することを発見したのである。[21] 赤ん坊のある者たちは養母が子どもたちにけちだという理由ではなくて、隣の部屋の集団にいる実母がとってもけちであるということで、とても激しく要求した。進化生物学的にはこの現象は軍拡競争と呼ばれている。もしチーターがガゼルを捕捉するときにより速く走るように遺伝子を進化させることができるならば、ガゼルはチーターよりももっと速く走れるような遺伝子を見つけ出すようになっていく。そのような遺伝子を持たなかったガゼルはチーターに捕食されてしまうのである。同様に、もしも母親が子どもの要求に対してもっとうまく抵抗できるような遺伝子を進化させるならば、赤ん坊たちはさらにもっと要求するような遺伝子を見つけ出していくだろう。

赤ん坊の皮膚の肥厚

アカゲザルでは赤ん坊に授乳したり、連れ歩いたりすることは赤ん坊に対する母親の二つの大きな投資である。三番目は保護である。赤ん坊を守ることは母乳を出したり赤ん坊を連れ歩いたりすることに比べて多くのエネルギーを消費するわけではないが、もっと危険なことである。母親は子どもたちを保護しようとする際、自分自身の安全と生存を危険にさらす。しかし、何から子供たちを守るのだろうか？　捕食者はさておき、アカゲザルの子どもたちにとってのおもな危険材料は他のアカゲザルなのである。赤ん坊は、群れに入って群れのメスたちの誰かと交尾することを止めないオスたちからの子殺しの危険に直面している。大人のメスたちは子殺しに関与しないのだが、赤ん坊は彼女たちの保護を全面的に必要としているのである。

ケンブリッジでの輝く太陽のある日のこと、幼いアカゲザルの子どもが地上3、4メートル上の梁をずっと1頭で歩いていた。その母親はそんなに離れていなかったが、アルファ・オスに毛づくろいをしていて、その仕事に集中しているようであった。別の家系のおとなのメスがその赤ん坊をじっと見つめ、神経質そうに母親のほうをちらりと見ながら、ゆっくりと赤ん坊に近づいていった。赤ん坊に触れることができるくらい十分に接近したとき、彼女はもう一度母親をちらっと見て、それからすばやくその子に噛みついて、梁から突き落したのである。私は自分の目が信じられなかった。ひどく激しく地面に落ちて耳をつんざくような悲鳴を上げた。母親が急いで赤ん坊を拾い上げ、一緒に走り去った。アカゲザルの赤ん坊はゴムでできているようで、この子も落ちてからもけがひとつしていなかった。この出来事で興味をそそられて、私は、母親の毛づくろい行動が、それは彼女らの政治的な同盟に必要なのだが、いかに子どもたちをチェックしたり彼らの安全を確実なものにする能力に影響するかを研究しようと決心した。母親が誰かに毛づくろいするために忙しくて、彼女らの子どもたちが単独でうろついているときの多くの場合に、赤ん坊をチラチラと見ている母親たちは毛づくろいしていない時に比べて半減しているということが明らかになった。同時に母親たちが毛づくろいにいそしんでいる間、赤ん坊たちは母親が毛づくろいをしていない時に比べて2倍も多く群れの他のメンバーによってけがをさせられているのである。赤ん坊たちを傷つけているのはたいてい他の若いまたは年取ったメスたちであって、彼女らは子どもたちに、ぶったり、押したり引っ張ったり、引きずったり、あらゆる種類の意地の悪いことをするのである。子どもたちは深刻なけがをすることはめったにないけれども、こんなことが起こるたびにいつもひどく叫び声をあげるのである。

アカゲザルの6頭の小さな群れで研究データを取った機会に、私は週末も含めて毎日、彼らを観察したが、しばらくして異常な何事かに気づき始めたのであった。週末ごとにいつも一つの集団から聞こえてくる赤ん坊の悲鳴であった。この集団のアルファ・メスは年寄りで意地の悪いアネットという名の個体で、子どもたちを誘拐することに情熱を燃やしていた。彼女は母親から赤ん坊をひったくり、返すことを拒絶するのであった。アネットはその年に自分の子どもを持っておらず、したがって母乳は出なかった。さらに赤ん坊の扱いがとても乱暴で、そんなことお構いなしに楽しんでいるように見えた。彼女は赤ん坊を養育しようとはしない。それは間違いない。彼女がひったくって1分後に赤ん坊はすでに泣いて母親のところへ戻ろうとしているが、アネットはもちろんそうする気はない。赤ん坊をぎゅっと抱きしめているか、尻尾で押さえ込んでいる。アカゲザルの赤ん坊たちはゴム製品のようだが、もし頻繁にミルクを飲まなければ、飢餓か脱水で死んでしまう。長い時間——ときには一日中あるいはもっと長く——アネットの手中にあった後では、赤ん坊はひどく危険な状態になっているので、飼育技術員がアネットを捕まえて、赤ん坊を取り上げて母親に戻すために干渉しなければならなかった。アネットが直ちに再び赤ん坊を誘拐しないかどうか確かめるために、さらには悪い行動に対する罰として、何時間も1頭でケージの中にずっと閉じ込められ続けるのであった。いうまでもなく、彼女はそんなことをされるのはまったくごめんであった。このようなことが数回起こった後にアネットは赤ん坊を誘拐するのに最適なのは週末だということを学習した。飼育技術者の見回りがないので、アネットは子供の誘拐をしても捕まらないし、彼女が満足するだけどんなにでも赤ん坊を泣きわめかせることができたのであった。

それ以来、私は、アネット以外のメスの、あるいは他の集団での、さらには世界中のいろいろなところで、何百例もの赤ん坊の誘拐を見てきた。赤ん坊の誘拐は、ときには数分で終わるが、何時間も続くこともあるし、まれには赤ん坊が死んでしまうまで続くことさえある。赤ん坊苛めも誘拐もともに、サルたちが小さな放飼場で飼われているどんな場所よりもカヨ・サンチャゴではずっとその頻度が少なかったように思われる。私はその事実が二つの理由によると考えている。まず、カヨ・サンチャゴではアカゲザルの子どもたちとその母親たちは子どもの誘拐を避けるたくさんの機会を持っている。2番目に、カヨ・サンチャゴのサルたちは赤ん坊を苛めたりさらったりするよりもほかに時間を潰すいろいろな方法を持っている。たとえば彼らは島中を走り回ったり、泳いだりすることができる。アカゲザルは退屈でほかにすることがないときに、他のサルたちと互いに緊張を高めつつ時間を過すし、その相手には赤ん坊も含まれるのである。アカゲザルが赤ん坊を誘拐する唯一のサルなのではない。アフリカのナミビアではヒヒの個体群で同じことが存在し、そこでは赤ん坊の死亡の主要因がメスによる誘拐であると指摘されている[22]。

私が見た赤ん坊の誘拐はいつも私を悩ませた。赤ん坊の母親は明らかに誘拐によって困惑しているし、赤ん坊の身の安全について心配しているように見えるけれども、彼女たちはけっして力ずくで誘拐者から赤ん坊を取り戻そうとはしないのである。そうではなくて彼女らは誘拐者についいて回り、しんぼう強く彼女らの赤ん坊を放してくれるのを待っている。ときどき赤ん坊たちは自力でなんとか逃げだすこともあった。その時点で母親は子どもをつかみ、フルスピードで連れ去る。いくつかの事例では、母親が力ずくで子どもを救い出さない理由は明白であった。誘拐者がその母親よりも優位者であったからであり、その優位者は母親が何かしようとするたびに彼女の下半身を蹴っ飛ばすのであった。たとえばアネットはアルファ・メスであったし、彼女は群れのだれに対してもつねに明白にそのように振る舞った。他の母親の子どもたちに対する誘拐や苛めは、女王様がそういう行動に興味を持つような場合には、彼女の特権の一つであった。私は何年にもわたってまさにアネットのような、あるいはそれ以上にひどい他のアルファ・メスたちを観察してきた。女王さまは女王そのものであって、尊敬に値するが、それでも誘拐の数時間、あるいは数日後には、順位の最下位のおびえた母親でさえ、赤ん坊を救い出すために何かしようとすると読者は考えるかもしれない。にもかかわらず、彼女たちは何にもしないのだ。ときには母親たちは誘拐者の手中で赤ん坊を死なせてしまうのである。母親たちは誘拐者が低順位のメスであってさえ、なされるがままなのである。彼女たちが心配していないわけはない。彼女たちはそのように振る舞うのだ。そしてしばしば彼女たちは何にもしないのである。

母親の消極性についてなしうる説明は次のようなものである。少なくとも数分以上続くような赤ん坊の誘拐は比較的まれであり、赤ん坊が死んでしまうような事例はもっともっと少ない。あかんぼうを助けるために力ずくで介入することは、もしも母親と誘拐者の間で綱引きがおこったときに赤ん坊にひどいけがを負わせる可能性があるという点で危険である。ときには、誘拐者が母親から赤ん坊をひったくろうとする際に母親が赤ん坊をまだしっかり掴んでいることがある。誘拐者は母親が赤ん坊の足を掴んでいるのに赤ん坊の腕を引っ張る。綱引きはその過程で赤ん坊をギュッと引っ張るので、当然健康的に良いことではない。誘拐の大半の事例は自然に治まるので母親は争い始める危険を冒さないで、ことの成行きを辛抱強く待っているのである。誘拐の少数事例では長時間経過して、赤ん坊が飢餓や脱水症状で死に至るなどとはおそらく理解できないだろう。彼女たちにはたぶん死とか飢餓とか脱水症状という観念がなく、だからいうまでもなく飢餓や脱水による死などという観念は存在しないのである。

死に至るような赤ん坊の誘拐は、おそらくこれまで多くのアカゲザルのメスに生じてきたことではなかったのだろう。だから彼女たちはそこに含まれている危険や適切な反応について学習してこなかったのである。致死的な誘拐は母親にとってあまりにもまれなことなので、誘拐者たちに対して適切に反応してみせるようには遺伝的に前もって準備されていないのである。もし母親が致死的な誘拐に対して消極的な反応をするような遺伝子を持ち、彼女の怠惰が原因で赤ん坊を失うようなことであるならば、その子どもは母親の一生において誘拐で失うたった一つのものであって、彼女の遺伝子はなお彼女の他のすべての子どもたちに引き継がれていくことになるだろう。誘拐とは対照的に、アカゲザルの母親たちは攻撃性とその用い方については何でもしている。子どもたちへの攻撃は赤ん坊たちが成長するにつれてその頻度が増大していく。とくに低順位家系ではそうだ。攻撃は母親がそれまでにときどき見たものであって、どのように反応するかを知っているものである。母親たちは、子どもらが他者から攻撃されるときにほとんどいつも子どもたちを保護しようとする。そして彼女たち自身を報復的な攻撃と負傷の危険性にさらすことになる。(23)

母親の介入の失敗は誘拐について単に困ったことというだけではない。そもそもそれはどうして起こるのだろうか？　どうしてメスが他のメスの赤ん坊を誘拐して死なせてしまうのだろうか？　これらは答えることが難しい問題である。基本的には、おそらく誘拐者は赤ん坊を抱きたいのだろうし、赤ん坊に対して自分本位に振る舞いたいのだろう。彼らは赤ん坊が泣き叫ぼうが離れたがろうが、あるいはその母親が困っていようが、お構いなしである。かれらは、誘拐した赤ん坊が別の家系に属しているとか、彼らが嫌いなあるいは気にならないメスの子であるかとかいうことさえも、ほとんど気にはしないのである。いくつかの事例では誘拐者はその子をとてもぞんざいに扱い、あたかも、ひどく苦痛であるかのように泣き叫ばせた。ある意味、実際にそうだったのである。これは赤ん坊を養育しようと決めたメスの行動ではない。結局私は、赤ん坊の誘拐は、私が説明した他の種類の子どもいじめと同様に説明できるものなのだという気になった。大切なのは結局のところメス間の競争であり、アカゲザル社会においてそのやり方は効果的なのだ。

　同じ群れで暮らしているアカゲザルのメスはお互いに食物や彼らが欲しかったり必要とするありとあらゆるものをめぐって張り合っている。が、たいていは、すべてを支配するための権力をめぐってである。この競争は優位個体が劣位者を脅すといった予測不能な攻撃や彼らが劣位者にストレスを与えるといったやむことのない苛めの形態をとる。子どもたちへの苛めや誘拐に対する説明としては、赤ん坊が彼らの母親や劣位個体が一般的に受けるのと同種の脅しや苛めによって支配させられているということである。ただ、その扱いは子どもの年齢と体のサイズに合わせられている。赤ん坊は明らかに群れ内のだれに対しても劣位者として彼らの社会生活をスタートさせている。おとなたちが他のおとなたちを攻撃するように幼い子どもたちに襲いかかることに強い抑制を持っているように見えることから、彼らは直接攻撃されることはない。大人のメスたちはまた、他の集団メンバーを殺してはいけないのと同じように、直接子どもたちを殺すことを禁じられている。母系秩序が転覆するときのように彼らの生涯の順位序列が賭けられたときにのみ、彼らは仲間殺しをするようだ。そのような場合には、赤ん坊だって容赦はない。１９３０年代にカヨ・サンチャゴに数百頭ものアカゲザルが放飼された時には、たくさんの子供たちが殺された。そして私は、大人のオスたちはその殺戮に対して何ら一片の責任も負ってはいないのではないかと疑っている。本質的には苛めと誘拐は赤ん坊たちに、間接的にはその母親たちに、緊張を強いる方法であったに違いない。それゆえに、赤ん坊の誘拐は優位なメスが劣位のメスに対して絶え間なく緊張を強いるのと機能的には同義のものであるのかもしれない。

赤ん坊は母親に愛されている。とりわけ生後まもなくはそうだ。そして年令や群れの中での順位を問わず他のメスたちにとって潜在的な犠牲者ではなくて、とても魅力的な存在である。出産期のアカゲザルの群れの中でのメスたちの社会生活は新生児をめぐって転回している。その間、オスたちはただボーっとすわって、次の交尾期が始まるのを待っている。アカゲザルのメスたちはみんな赤ん坊に夢中で、グラントとかギーニーと呼ばれる独特な音声で赤ん坊に話しかけている。その音声はちょうど人間が赤ん坊の気を引いたり、会話に誘い込んだりするために、赤ん坊に投げかけられるものとそっくりである。あるメスたちは赤ん坊に呼びかけをする間ずっと、自分の尻尾をゆらゆらさせている。これも人間が赤ん坊の気を引いて微笑ませようとベビーベッド越しにがらがらを振ったりするのと同様のやり方だ。[24] 子どもを含めて誰にとってもアカゲザル社会での生活はストレスに満ちている。母親は次の赤ん坊を準備するために、赤ん坊の生後1週間目から彼らを拒絶しようとし始める。そして同じころに、赤ん坊はオスの子殺しまたメスの苛めや誘拐に遭いやすくなる。アカゲザル社会で生存し続け、成功するにはぶ厚い皮膚が必要だ。アカゲザルの赤ん坊は生まれた瞬間から皮膚を厚くし始めて、彼らを取り巻くすべての個体は赤ん坊の成長過程を手助けすることで幸せそうである。

Ⅷ　コミュニケーションという取引

社会的組織内の生活

映画「ウォーターワールド」は地球上のすべての陸地が海面上昇によって水没し、人間がボートや巨大な筏の上で生活するような近未来を想定している。「ウォーターワールド」の住民たちはみんなすばらしい水夫で水泳の達人となり、もはや誰も船酔いになることもなく、民族もなく、あたかも俳優ケビン・コスナーが演じる主人公のように、水中で呼吸することができるような鰓さえも発達させている。それに対して映画「スター・ウォーズ」は人間が宇宙船に乗ったり、ひとつの惑星から別の惑星へとぴょんと移動してまわって大半の時間をすごしている。そこでは登場者たちは酸素マスクを着用する必要もなく楽に呼吸している。これら二つの未来版において、人々はとても異なった身なりをしているが、つねに人々が互いに愛し合うような善良な民族と彼らの犠牲によって富と権力を手に入れようとする悪い民族が存在する。

人々はさまざまな異なった環境に生活を適応させるのだが、それらの環境にはいつも共通して一つの事実がある。つまりそこにはたくさんの人々がいるのである。歴史や科学物語を読んだとしても結末は同様のことであって、人々の持つ問題の主要な原因はつねに他者たちである。われわれが大海原あるいははるか宇宙において生活すると想像しても、われわれはまだもっと大変で複雑な問題を解決しなければならないのである。それは友人や連れ合いを見つけることであり、敵と戦うということである。アカゲザルは自分たち自身に同様の状況を見出している。インド寺院あるいはカリブ海の熱帯の島に生活を順応させることは容易なことだ。他のアカゲザルたちがいる群れの中で生き残り、繁殖すること、それこそがつねに問題なのである。

すべての動物の社会生活は、群れの中の個体間で、空間を共有し、行動を協調させる――たとえば一緒に遊動したり採食したりするような――ことを含んでいる。動物には多くの種が存在するが、群れで生活しているような魚から馬にいたるそれらの種の個体は、生活の大部分の時間を彼ら自身のことに専心している。これらの生き物は社会的とは呼ばれなくとも群居している。つまり他者たちと一緒にいることを気にしないということだ。しかしながらアカゲザルのように権謀術数に長けた種では、すべての個体の生活は他の多くのものたちのそれと相互に絡まりあっていて、込み入った関係の密な組織となっているのである。アカゲザルのチェス盤上のどんな動きも、好むと好まざるとに関わらず、他のすべてのサルたちの生活に対してドミノ効果を持っている。アカゲザルは自分のことだけに専心する立場にはないのである。受動的であることは他のサルから利用価値のあるものとして解釈され得る。もしアカゲザルがたった一人でいようとするならば、そのことで大変苦労しなければならない。もし彼らの生活の到達目標が生存することでなくて、成功することであるとするならば、彼らとともにあるいは彼らのために働いてくれる仲間を得る方法を見つけ出さなければならない。しかしながらマキャベリアン的社会の場ではすべてのものには費用がかかり、他の個体から何かを得ようとするために他者との取引関係に没頭しなければならないのである。あなたが誰かにあなたに対して何かをさせるもしくはさせない、それがあなたのためであってもあるいはあなたと一緒であっても、そういう取引行為はコミュニケーション（意思の疎通）と呼ばれるものである。

コミュニケーションのやりとりにおいて、他の個体の行動は信号と呼ばれる通貨を伴って手に入れられるし、すべての支払いは明白になされる。あなたがあなたのクレジットカードを振りかざすように、あなたがあなたの信号をちらっと示すのである。そしてもしそれが他者に認識され受け入れられたときには、あなたは欲しいものを手に入れることだろう。しかしながら信号を伴う詐欺はクレジットカードの場合よりもずっと簡単であるから、魅力的で誘惑的な信号をあなたに送っている人のために自分の生活と持ち物のすべてを使う前に、もう一度考えたくなるかもしれない。信号が誠実なときには、その信号は行動を獲得するための妥当な通貨である。なぜなら、それは他者に対して真実で有用な情報を提供できるか、もしくは他者を気分よくさせるからである。どちらの場合でも信号の受け手は信号と交換に望まれた行動を進んで提供するだろう。その結果、双方がそのやり取りから利益を得るのであり、意思の疎通は頻繁な共同の行為となるのである。詐欺の天才は、それでも、誤った情報を伝えるような信号を送るので、それを信じ込んだ受け手は有用なものを何も手に入れることができないのだ。意思疎通のやり取りにおいては、他者に良い感情ではなくて悪い感情を与えてしまうようなゴロツキどもが存在する。彼らは他者に対して信号を送りつけ、それによって腕をねじ上げてから痛みを止めるのと引き換えに望み通りの行動を提供させるのである。この種のコミュニケーションは明らかに協調の行為ではなくて搾取の行為である。

コミュニケーションは人間とアカゲザルで、さらにすべての種類の動物でも同様に、同じ原理に従って機能するものであって、違いといえば、動物たちはお互いに頻繁に行動的反応——他者に彼らのために何かをして欲しいか、して欲しくないかのどちらかなのだが——を得るように伝達する。一方、人間は言語という情報を他の情報と交換するのにとても都合のよい伝達手段を発明したということである。言語を通して与えられる情報はとても費用が安く済む。そして人々はいかなる対価の支払いも請求もなしに、頻繁に情報を得たり他者に情報を提供したりするのである。たとえば、見知らぬ人に「今何時か？」と尋ねることができるし、無料でその回答を得ることもできる。人々の間のたくさんの会話はとても安価な取引関係なのである。彼らはそれがとても安易なのでそれが取引であるとみなすことさえない。それでも、価値のある情報や誰かからの高価な行動を手に入れたいと思うときには、信号を伴う支払いは適切であるに違いない。そうでなければ取引関係は成り立たない。動物たちは、彼らの生存や繁殖に現実に必要な何かを手に入れるような本当に必要なときにだけ取引関係に没頭する。対照的に人間はいつでもお互いの伝達関係に熱中しているが、その大半は些細な目的のためである。しかし動物と人間の間のこの違いは程度の問題なのであって、本質的なものなのではない。

行動を手に入れるために情報を操作すること：表象的な伝達

ミッキーマウスとミニーちゃんは漫画の街のパーティで最初に出会って、ほとんど1時間もおしゃべりし続けていた。スイスチーズとイタリアの燻製プロバローニチーズとの良いところ比べについての会話はミニーを空腹にさせたが、彼女は快適な場所に座り続けていて、座席を失う恐れから立ち上がってお菓子を取りに行きたくなかった。そこで彼女はミッキーにひとかけらのチーズを取ってくれるように頼むのである。ミニーはミッキーが台所へ行って冷蔵庫からチーズを出して持ってきて欲しかった。しかし彼はどうしてそうするべきなのか？　どうしてミッキーはミニーのために何かをするべきなのだろうか？　チーズを頼むときにミニーはミッキーに微笑みかけ、それはミッキーがミニーに親切にするのに十分であった。ミニーの微笑みは、ミッキーを好ましく思っていて、将来において彼女が彼に親切にするだろうということを意味している。ミニーの感情とこれからの行動について何かを知っているということは、情報が将来の利益のための可能性をもたらすものだからミッキーにとって重要である。だから、彼は投資することを決心して彼女にチーズを持ってきてやるのである。ミッキーに対するミニーの信号が本当のことであるのなら、彼の投資は実を結ぶ（ミニーとミッキーはやがて結婚し、その後ずっと幸せに暮らすだろう）。双方が関係によって何かを得て、そのことに満足である。しかし、もしミニーが、彼女の感情とミッキーに対する将来の行動について正直でないとすれば、ミッキーの投資は無駄になってしまい、うまい具合にしてやられたということになるのだ。

ウォルト・ディズニーの漫画のキャラクターと他のマキャベリアン的な動物たちにとって、誰が自分の友人で誰が敵なのか、そして彼らが将来、自分のためにもしくは自分に敵対して何をしようとしているのかを知るのはとても重要なことである。しかしながら、マキャベリアン的な生き物は、友人や敵に対する気持ちをとてもすばやく変化させることができるので、彼らの行動を一般的に予測することは難しい。心を読むことができるということは誰にでも巨大な力（心を読むことはつねに私のお気に入りの強大な力である）を与えるだろう。しかし誰にも幸運なことに、これは不可能なのだ。他者の心を読むということに代わるものは、ただただ彼ら自身と彼らの将来の行動について語ることをただ聞くことなのである。これは心を読むのと同じような信頼できる情報源ではないが、まだ価値のあるものであって、取引関係を基礎づけるものであり得る。そこで伝達関係が始められるためのひとつの方法は、彼自身とその将来行動についての情報を伝えるような信号を他の個体に送ることであり、この情報が何か見返りを得るのに十分なものであると期待することである。

感情や動機付けのような内的状態は個体の行動の予兆であり得る。それゆえコミュニケーションの取引に顕著に登場する。たとえば、私たちが他の誰かを愛するという意思疎通の過程で、その人に、私たちの行動は友好的なものであって、お返しに同様に友好的な行動を得ることを期待するということを告げている。恐怖の意思疎通では、私たちは相手に対して私たちの行動はけっして攻撃的なものではないし、見返りに寛容な行動を期待するということを告げるのである。人間もアカゲザルも多くのそのような感情をそれぞれの顔の表情を通して伝達することができる。顔の表情はまた、攻撃的、性的あるいは友好的な行動の動機づけについての情報を運ぶこともできる。行動を獲得するために、他者とその行動についての有益な情報を提供することができる。環境内における特定の対象とその位置についての情報も同様である。たとえば、アカゲザルは音声を使って、食物のありかや敵の存在についての情報を仲間のサルたちに知らせるのである。

情報が行動と交換されるようなタイプの伝達は、信号が何か――感情や動機づけのような内的状態、あるいは特異な行動、もしくは他の個体や物体――を象徴するために利用されるので表象伝達と呼ばれる[1]。表象伝達は、知識を基礎とした伝達の形式である。その理由は、信号によって運ばれる情報が、知識を通して他個体の行動に影響を与えるからである。換言すれば、ミニーはミッキーマウスに彼女の感情を象徴する信号を送り、この情報はミニーと彼女のこれからの行動に関するミッキーマウスの知識に作用する。そしてこの新たな知識がミニーを助けようとする彼の行動を刺激するきっかけとなるのである。人々は何時でも表象伝達を利用しており、人間の言語は究極の表象のための道具なのだ。

行動を獲得するための薬物の使用：非表象伝達

有用な情報を売ることはコミュニケーションの取引において成功する唯一の道である。信号は薬物を使用することと同様に、直接的な生理的反応を通して他者に良い感情も悪い感情も持たせることができる。誰かが不快や痛みを感じている際に、ある種の薬物は、喜びを増加させたり痛みを軽減したりといった具合に脳に生理的反応を引き起こす。他者に良い感情や悪い感情を持たせることは、彼らにして欲しいと思うことをさせるためには効果的な方法であるかもしれない。カフェインやアンフェタミンのような類の薬物が興奮や注意力を増加させ、他の種の薬物が鎮静効果を持ち、緊張を和らげる効果をもつのと同様に、信号もまた単純に他の個体をもっと行動的にも不活発にもさせることができる。もしも誰かがまさにこちらの頭を叩こうとしているところであるとしたら、その個人の行動を抑制するような信号を使用することが脅威をなくす手段かもしれない。薬物のように働く信号はどんな情報も含んでいないし、誰も何も象徴していないので、そのような信号を利用した伝達のタイプは非表象伝達と呼ばれるのである。

　ある特定の種類の音楽のようにあなたに耳ざわりの良い音があるとしよう。お気に入りのメロディを聞くことは人を落ち着かせるか、あるいは興奮させる。だからもし、誰かがこの音楽を提供すると、それに対して対価を支払おうとするだろう。少なくとも、安楽椅子に気持ちよく座っていて、ラジオがお気に入りの曲を流し始めたら、立ち上がってボリュームを上げようとするだろう。世界中のどこにいても人間の赤ん坊は赤ちゃん言葉あるいは母親言葉と呼ばれる特別な種類の会話を使う大人たちの声をじっと聞くことを好む[2]。赤ちゃん言葉は特殊な反復あるいは抑揚で編成された特別な周波数の音で構成されている。赤ん坊が赤ちゃん言葉を聞くときには、首を回して赤ちゃん言葉を話している相手のほうを見つめる、そして微笑む。さらにすでに歩けるようなら、その人のほうへと歩み寄る。この種の反応は赤ちゃん言葉の話し手が赤ん坊から得ようと思っていることであって、だからこの取引関係は成功であり、みんなが幸せなのである。私たちが好む別の種類の音声の事例は笑い声である。私たちは誰か他の人が笑っているのを聞くことを好み、それゆえに、たとえば冗談を言ったりして他の人たちを笑わせようと努めるのである。

好ましくない音を聞くときにはまた、人々は立ち上がって、ラジオのボリュームを下げたりスイッチを切ってしまったりするだろう。いらだち、不安、恐怖感のような不愉快な状態を引き起こすような音がある。私たちはそれらを避けられるようにどうにかしようとするだろう。たとえば、両親たちは夜泣きの赤ん坊が発するヒステリックな泣き声を聞きたくないし、何時間も自分たちの腕で赤ん坊を揺り動かしたり、あるいは病院の救急処置室へ連れて行くために真夜中に赤ん坊を自動車に乗せたりして、なんとか彼らを鎮めようとするだろう。別の音の事例をあげれば、誰も恐怖や苦痛の悲鳴を聞きたくはない。アカゲザルのメスたちは赤ん坊が掴みあげられ、腕で抱きしめられることによる苦痛で泣き叫ぶことに反応するようであるが、赤ん坊が痛いということを彼女たちが理解し、それに共感しているからというわけでは必ずしもない。それ以上に彼女らはちょうどラジオのスイッチを切りたくなるのと同様の状態なのだ。

赤ん坊が非表象伝達を使う唯一の存在だというわけではない。赤ん坊たちには自分と世界を他者に表出する能力に限界があって、だからこそ彼らの伝達表現は非表象的伝達のとてもよい事例となるのだ。しかしながら、おとなたちもまた四六時中、非表象伝達を使っているのである。たとえば、伝達の場で提供するたくさんの価値のある情報を持つからではなく、他者を気分よくさせるための方法として情報を伝達するからこそ、カリスマ的な人は他者たちにたくさんのことを理解させることができるのである。対照的に、他者に価値のある情報をすすんで提供する頭脳明晰で聡明な人々がたくさんいるが、伝達取引はうまくいかない。どうしてかといえば、彼らが伝達するやり方に人の気を悪くしたり、うんざりさせる何かがあるからである。

非表象伝達は知識に基礎づけられているのではなくて、感情あるいは配慮に基礎づけられている。[3] 非表象的な信号は特殊な行動的反応を引きだすには効果的であるが、それはけっしてそれらが新しくて有用な知識をもたらすからではなく、私たちの行動に影響を与える特殊な生理的反応をもたらすものだからである。私たちは、音楽や視覚芸術を楽しむことができる。それは私たちがそれらを楽しむ生物学的素質を持っているからではなく、非表象的伝達に対する生物学的素質を備えているからである。この生物学的体質は太古の歴史を持っていて、私たちはそれを他の霊長類や多くの動物種と共有しているのである。

アカゲザルの非表象伝達能力はおそらく人間のそれとかなりよく似たものであろう。しかし彼らの表象伝達能力については議論の余地がある。ある研究者たちによれば、ヒトを除く霊長類は信号を通じて何かを他者に示せるのかという点ではきわめて限られているという。彼らはほとんどの場合、自身の内的状態——情動と動機づけ——、もしくはこれからしようとする行動に限ってのみ象徴させることができるに過ぎない。[4] しかし他の研究者たちによればヒトを除く霊長類たちもまた、彼ら自身以外のことがらについて表象する能力を持っており、それゆえに特定の種類の食物や捕食者あるいは攻撃者のような「外的な対象物」を示すような信号を持つと考えられている。[5] アカゲザルはおそらく複雑な様態の表象伝達を使うことはできないが、（人間の言語における）言葉とその意味する内容との関係のように、信号とそれが象徴することがらとの間の紋切り型および任意な連合が存在している。しかし、チンパンジー、ヒヒ、さらには他の大型類人猿たちは、象徴的で言語としての形態を備えた人間の言葉を学ぶことができるのだが、さらに一部の研究者によれば彼らはまた明確な訓練なしに自発的に言語学習をすることができるという[6]。

非表象的伝達は知識を基礎とした伝達よりもさらに遺伝的に組み込まれたものであり、脳内の別の部位、さらに古い領域で処理されているのであって、おそらくはわずかの、より単純な認知能力しか必要としないのだろう。非表象的信号の送り手は他の個体から特定の行動的反応を得るために何が有効で何がそうでないのか——身振りや音のどちらかが有効で、どちらかは無駄であるというように——ということだけを決定する必要がある。その信号の受け手の側は、単にボリュームを上げるか、下げるかするにはどうすればよいのかを知りさえすればよいのである。個体は非表象的信号を演出し、応答するものとして生物学的にあらかじめ仕組まれているのだけれども、それらの信号をどのように使い、そしてどのように適切に応答するのかということを、経験を通じて必ず学ばなければならない。それとは対照的に、多くの知識を基礎とした伝達は、他の個体がそのことについて知識を持っているのか、それとも無知であるのか了解する能力を必要としている。知識の有無というのは心的な状態であり、他者の心的な状態を了解することは心の理論と呼ばれる複雑な認知能力の一部をなすものである。子どもたちはおよそ4、5歳まで心の理論を発達させていく。どんなサル類でも霊長類でも他者が何を考えているかということを思考できるのかどうかについては、まだまだ議論の分かれるところである[7]。

あなたの生活を救うパスワードを知ること

軍隊生活を経験している人や軍のトレーニングキャンプでの生活を描いた「フルメタル・ジャケット」のような映画をたくさん見ている人なら誰でも、兵士がふらふら歩き回ったり、上官に対して無頓着な物言いをしたりはけっしてしないということを知っている。兵士たちは普通は同一階級の兵士同士でくっついていて、彼らのちょっと上級の兵士から苛めを受け、ちょっと下の階級のものたちを苛めるのである。おなじみのことだろうか？　アメリカ海兵隊あるいはアカゲザルのいずれにおいても、上級の者たちは下級の者たちに関わることに何の関心もなく、下級の者は上級のものと関わりを持たないように全力を尽くすので、階級が極端に違うもの同士が一緒にいたり、会話することなどめったにない。もし兵士が将校と会話することがあるとしたら、それはたまたま将校がその兵士に出くわしたということに過ぎない。将校と出会ったら、誤解があってはいけないので、誰の目にも誰が兵士で誰が将校であるかがはっきりするように、兵士は気をつけの姿勢で礼儀正しく挙手をしなければならない。

劣位のアカゲザルたちはつねに優位者の動きをひそかにチェックしていて彼らの歩き回り方やお好みの小道、歩く速度、さらにはいつどこでちょっとした休息を取るために立ち止まるのかなど、何でも知っている。劣位者は可能な限り優位者の道から離れて、近接した出会いの機会を最小にするために、この情報を活用するのである。小さな放飼場で暮らしている群れでさえ、結果として彼らが成功する多くの場合には、時には何ヶ月もの間、交渉も、対話もしない何組かの個体たちが存在する。しかしながら、カヨ・サンチャゴでは群れ間で出会い頭の衝突があるように、同じ群れに暮らす劣位者と優位者の間にも偶然の交通事故が発生する。これはどんな具合に典型的な事故が起こるのかという一事例である。

ブラバーは大きな群れで暮らす最下位家系の6歳の劣位なオスである。(8) ブラバーは他のオスたちを注意しつつ彼らから離れて一日を過ごしている。ミスター・Tという名の大柄のアルファ・オスはなんとなくブラバーの存在を知っているが、彼と親しくなろうなどとは思ってもいない。彼らは、互いの近接が気まずいことであり、それがミスター・Tの機嫌を損ねることを知っていた。マカク属のサルの社会における習慣や作法では、そのような近接を打破する行為は、優位者が直ちに劣位者に襲い掛かる、つまり攻撃である。ブラバーはずっと前に——彼がまだサルの幼稚園にいたときに——重力の法則やその他の生活上の基本的事実と同様に、その教訓を学習していた。

晴天でそよ風の吹くある日のこと、ミスター・Tはこれから先10度もの交尾期のための計画を作っているかのような印象を周囲に与えつつ、実際にはただ自分の歩数を一歩ずつ数えていただけなのだが、頭を下げて、気難しい顔つきで、彼のお気に入りの小道に沿って歩いていた。ブラバーはミスター・Tの動作を注意深く見守っていた。しかしあるところで尻の肥脹したメスが彼の目を捉えて、彼は堪えられずにちょっとの間、ミスター・Tの行く手を見失って、彼女を見つめてしまった。ブラバーが再びミスター・Tを思い出したときには、アルファ・オスは全速力で突進し完全に衝突するいきおいだった。ブラバーはすばやく考えた。もし彼がまったく動かなかったら、怠慢が招いた反応は単にそのまま進行するだけであることを知っていた。だが一方、逃げようとすることは事態を悪くするだけである。避けられないことを回避するためにブラバーに残された唯一の道は、家系内の多くの世代を通じて彼に伝えられてきて、幼いとき、サルとしての最初の段階に学んだ秘密のパスワードを使うことであった。いまやアルファ・オスはすぐそこまで近づいてきていたが、ブラバーにとっては試験日であり、もしも彼がうまくやらなければ、注意散漫に対して高価な対価を支払わなければならない羽目になるのであった。

ミスター・Tは、ブラバーの足が彼の視野の上部に入るまで通り道のちょうど真ん中に立っているブラバーに気がつかなかった。アルファ・オスはゆっくりと頭を上げてブラバーの体の残りの部分を見たとき、興奮の波はすでに彼の脳の神経細胞を伝って移動しつつあり、怠慢に対する攻撃的反応を引き起こしていざ実行し始めるところであった。しかし、ブラバーはこの出会いのために彼の全生涯を準備しており、彼の心の中に秘密のパスワードをあらかじめ思い浮かべていた。ミスター・Tが彼に目を合わせたまさにその瞬間、絶妙のタイミングで、ブラバーは従属的な信号——口を大きく開けて食いしばった歯をミスター・Tの顔に向けて正確に瞬間的に見せた——を放ったのである。ブラバーのこの信号の演技は傑出したものであって、観衆から大喝采を得たのである。ミスター・Tはブラバーの歯の輝きでほんのしばらく混乱させられた。それはあたかも彼の燃えさかる神経が爆発する寸前にバケツ一杯の水が撒かれたようなものであった。軽業的な芸当とともに、アルファ・オスは従属者から外れ、あらゆる身体的な接触を避けて、すば

図19．アカゲザルの顔の表情の豊かさ：少し腹を立てている大人のメス（撮影：ダリオ・マエストリピエリ）

図20．口をあけた脅しの表情を見せる大人のメス（撮影：ダリオ・マエストリピエリ）

図23．若い大人のメスの恐れの表情（撮影：ダリオ・マエストリピエリ）

やく散歩を再開し始めたのである。あらゆる罰は回避されたのであった。

　ブラバーが自分の本分をよく知っているように見えて以来、ミスター・Tがその優位性を再び誇示したり、自分の手を汚したりする必要はなくなった。ミスター・Tもまた自身の本分を知っていたのである。彼は劣位者からの従属的な合言葉をどのように受け取って、攻撃的な衝動をどのように制御するかを知っていた。ブラバーは過去にたくさんの異なった信号がその環境に応じて優位者たち、同家系あるいは他の劣位者たちに対して表出出来ることを学習していたのである。その日、友好的な信号は相応しくないものであった。必要だったのは従属的な信号であったが、ブラバーはその正しい答えをやすやすと手に入れたのであった。その選択は二つの信号からなっていた。ひとつはむき出しの歯を見せることで、もうひとつは尻を相手に向けて示すという行為であった。両方とも劣位者の示す効果的な信号であって、アルファ・オスの予期せぬ接近というブラバーの見出した状況に推奨されるものである。完全従属のためのハンドブックは、もしもアルファ・オスが正面から近づきつつあるときには、むき出しの歯を見せつけることを、また別の方向からの接近に対しては尻を向けて示すという行為をお薦めしている。[9] そのハンドブックは、どんな動作も敵意の行為とみなされて敵の引き金を引くことになるので、劣位的な信号を示すためにぐるりと向きを変えないように強く推奨している。ブラバーはハンドブックのこのページを注意深く記憶していて、正確に選択したのである。彼は試験に合格したのだ。

　アカゲザル社会で穏やかに共存できるかどうかは大部分、劣位者たちの行動にかかっている。彼らの回避行動が優位者たちとの思いがけない諍いの機会を最小にし、彼らの服従的な行動が優位者の怒りを表面化させないようにしている。服従的な行動は、攻撃を受ける可能性が、いかなる理由であれ基準線を超えたときには何時でも表出される。近接はそんな理由のひとつである。食物の存在や群れの中でのいかなる争いの行為も次に起こることを予兆させるものである。いかなる2個体間の争いもすべての低順位の個体たちが攻撃を受ける可能性を高めている。このような状況では生贄にされそうな者たちがいたるところで従属的な信号を点滅させ始める。従属的な信号は、攻撃の危険性が見極められないときにも、ただ優位者を宥めるために先取り的な方法としても利用される。劣位者は自分自身の取引に気をとられている優位者に近づいていって、むき出しの歯を示したり、尻を向けて差し出して見せ、それから歩き去る。しかし、アカゲザルはマカク属の他の種のサルたちよりも、きっと人間よりも、この要求されていない宥和的な行動をとることがずっと少ない[10]。アカゲザルでは優位者に近づくこと自体が宥和的な目的であったとしても、危険なことであり、劣位者はそんな機会を作りたいとは決して考えないのである。

回避、服従、譲歩、その他の予防的な行動のすべてが劣位者によって行われるにもかかわらず、いずれにせよ攻撃は発生する。時には攻撃はまさに優位者たちがしたいことそのものであり、ひとたび彼らの心に浮かぶと、なにをもってしてもその攻撃を止められない。劣位者が優位者から攻撃された後の一瞬の間に、次なる攻撃の危険は最高に達する[11]。劣位者は同じ攻撃者にもう一度攻撃される危険性を持っていて、その可能性は争いにあとから加わった他のものによって攻撃されるよりもずっと高い。この瞬間は、劣位者がその伝達能力のすべてを引き出さなければならない時なのである。彼らは攻撃者たちと向き合って、さらに争いに加わろうと考えているかも知れない周りの誰に対しても降伏する信号の白旗として尻尾を上げながら歯をむき出しにするのである。劣位者たちはさらに彼らの家系の仲間からの支援を要請するためにひどく叫び声も上げる。時にはこれらの信号が更なる攻撃を防ぐこと、あるいは支援を誘うことに効果的であるが、時にはそうではないこともある。というのは、それがつねに明確であるとは限らないからだ。

しかしどうしてこれらの服従的な信号がそのように機能するのだろうか？　その光景を見ている目撃者にとっては、ブラバーとミスター・Tの出会いは、兵士が将校に敬意を払う軍隊の訓練キャンプにおけるかれらの予期しない出会いとそっくりであるように見えただろう。将校はもし兵士から挨拶を受けなければ立腹するだろうし、兵士は挨拶しないことでさまざまな問題に巻き込まれるだろう。軍隊内での平和的な共存は、劣位者からの従属的な信号に依存しているアカゲザル社会における平和と同様に上位者への挨拶にかかっている。強力な階層制度を持つどんな社会システムにおいても、個人はお互いや相対的な社会的位置関係にある他のすべての人のことをたえず思い起こしている必要がある。従属的な信号は平和を維持するために効果的である。なぜなら、彼らはまさに戦うということを実行しているのだから。つまり彼らは勝者と敗者を決定するのだが、エネルギーの浪費と戦い事に付随する負傷の危険性は無しにしたいのである。

劣位者は、優位者との関係は明白で、誰が優位で誰が劣位であるかを決定するために戦う必要などないということを優位者に安心させるために、従属的な信号を使用するのかもしれない。この観点から見れば、歯をむき出しにする仕草は「私は自分が劣位者だということを知っています」というようなものであろう。それは地位の確認である。[12] このことは、なぜそのような信号が優位者の攻撃行動を抑制するのに効果的なのかを説明するだろう。信号の存在理由は特定の行動的反応の誘発や抑制に効果的であるということだ。しかし、それは個体がそれを使用する理由とまったく同じだというわけではないようだ。動物、そして人間も、信号をその結末に必ずしも気づくこともなく、効果的に使用している。もし誰もが、どのように他者が信号に反応するか、もしくはしないかについてあらかじめ考えなければならないとしたら、すべての2個体間の伝達的相互関係はたくさんの思考が伴わなければならないだろう。そしてこの思考のうちのある部分は、少なくともアカゲザルの場合には、まったく洗練されていなければならないだろう。もし劣位者が優位者に対する自分の地位を認めていて意識的に歯をむき出しにして見せたとしたら、その行為は、優位者がなにかを知っているかどうか、さらにはその信号がその知識あるいは無知に影響を与え得るということに、劣位者が気づいているということを暗に意味するだろう。[13] 誰かが私に「私はあなたに……を知って欲しい」というときには、その人間は私がその何かを知っていないことを理解していなければならないし、さもなければ彼はそんなことを言わないだろう。知識と無知は心的な状態である——それらは心の中にだけ存在する——、そして私たちが見てきたように、アカゲザルは他のサルたちの心の中にある何かについて考える能力を持っているようには見えないのである。[14]

歯をむき出しに示す表出の出現についてのもっとわかりやすい説明は、この信号が恐れの表出——「怖いよ」——あるいは懇願——「痛くしないで！」——さらにはその双方の組み合わせにおいても存在するということである。劣位者の恐れを見たり、その懇願を耳にしたりすることで、優位者は彼の地位が脅かされていないことや闘争が不要なことを再確認するので、結果としてあたかも劣位者が「私が劣位者なのだということをあなたに知っていただきたい」と言っているのと同様のことになるのである。私は歯をむき出しにする表出に対するこの分かりやすい説明が好きである。どうしてかというと、アカゲザルは人間に対しても、ヘビに対しても、さらには大きな音にひどく驚いたときにさえも、この信号を見せるからである。[15] 軍隊では敬礼が地位の現実的な確認である。兵士は将校に敬礼するだろうが、彼がトラに敬礼することはありえない。兵士は明らかに映画館の中の巨大スクリーンで剃刀の刃のような指爪で犠牲者を切り裂くフレディ・クルーガーを見ても敬礼するはずがない。しかし、フレディ・クルーガーの映画を見ているアカゲザルたちは巨大スクリーンに向かってしきりに歯をむき出してその表出を見せるのではないかと、私は疑っている。

人間はアカゲザルが歯をむき出しに見せるのとほとんど同様に見える顔面の表出を持っている。それは笑いだ。人間の笑いは時に服従的な機能――それは優位者の攻撃（しばしば言葉によるものだ。あるいは心理的であるが、身体的であることもある）を回避するために優位者に向けられる劣位者からの笑いかけである――を果たすのだけれども、社会的な笑いは一般的に友好的な気持ちと恐れや服従の気持ちがまったくないことを伝達する。ミニーとミッキー・マウスの事例のように、笑いは、この場合は微笑みだが、「私はあなたが好きだし、あなたに相応しくなるわ」ということを含意することが出来る。軍隊以外の社会生活は形式張ってはいないし、もっとくつろいだものであって、一般的には軍隊生活よりも友好的なものである。人間の二者間におけるすべての社会的関係はおそらく優劣的な構成要素を持つのだろうが、優位者は日常の社会生活における役割を軍隊やアカゲザル社会のように大きく演じたりはしない。そこで優位性に関する伝達はより少なく、より微妙なものになるのである。もっと大切なことに、市民社会における生活は軍隊の基地やアカゲザル社会での生活よりも、もっとたくさんの見知らぬ人々との接触や共存を伴っている。友好的な態度の伝達は見知らぬ人々同士の忍耐を増加させたり、共に働くよく知らない同士の緊張を軽減させたりすることができる。だから、進化史的過程において人間は祖先の霊長類から引き継いできた歯をむき出しにする表出を、多目的に使える友好的な信号、すなわち笑いに変化させたのであったのだ(16)。

脅し、ハッタリ、そしてポーカーゲーム

アルファ・オスとの近接した出会いは、劣位者から従属的な信号を発する可能性のある多くの状況の中のひとつにすぎない。もうひとつの強力な引き金は脅しである。アカゲザルはじろじろ睨んだりまゆを上げたりして相手を脅し、歯を見せずに口を広く開けたり、グッグッグッという音声や悲鳴も含んだあらゆる種類の不快な音をたてて相手を打ち負かす。脅しは、彼らの攻撃的な気分や戦いに取り組む意思とともに、個体の身体的な強靭さについての情報を伝える。そこで明らかに脅している状態というのは攻撃の高い危険性を伴った状況だとみなされる。アカゲザル

の社会では、あらゆる脅しが高順位から低順位へと一方向に階層を下っている。ちょうど服従的な信号が階層の下から上へ発せられるのとはまったく逆である。明らかに他者を脅している個体は必ずしも戦いを準備している必要はない。さもなければ、彼らは直ちに飛び出して喧嘩しなければならなくなる。葛藤を沈静させるために脅しを使うということはちょうどポーカーの競技者のようである。脅しは身体的な強さと戦う意志を情報として伝える。これらはテーブル上に積まれた競技用のコインである。もしも他の競技者があなたの確信に満ちた誇示によって惑わさせられたなら、彼はゲームを降りて、あなたが勝者となる。もしも他の競技者が惑わなかったり、自分のカードの強さを確信しているとしたら、あなたはカードをテーブルにおいて、戦うのである。明らかに、ハッタリはポーカーにおいてと同様に、脅しの際にも重要であり、その競技者が上手であればハッタリを見抜くことは簡単ではない。

もしも最下層の地位にいるアカゲザルのメスがアルファ・メスに脅されたとしたら、そのメスのカードは悪くて彼女は自信がないからという理由で、服従的な信号を伴う反応をすることだろう。アカゲザルのメスたちによって競われているポーカーゲームでは、たくさんのメンバーを持つ家系の競技者が良いカードを持っていて、そうでないものは持っていないのだから、ハッタリをかます余地はほとんどない。群れの人口統計が変化して劣位家系が優位者たちより数で勝るようになるまで、ゲームの勝者と敗者は毎日同じことだろう。（劣位者が数で勝る）その日に、劣位のメスが優位者の脅しに対して別の脅しで答え、すべてのカードはテーブルに置かれて、母系集団の転覆が起こることだろう。しかし、オスによって勝負されているポーカーゲームの場合には、戦いの勝利は他者からの支援よりも体力や攻撃の動機づけのほうにもっと係っている。そして一頭の手の内のカードはそれほど明確でない。最初は戦いに勝ったものがオスの最高位を手に入れるだろう。そして彼の勝利が他者の記憶に新しく、それゆえに彼の脅しが説得力のある一年か二年の間は、たくさんの脅しとわずかな戦いを用いて、その地位を維持することができるだろう。しかし、時が過ぎて、アルファ・オスと戦った記憶が薄れ始めると、他のオスたちは彼のカードを見るたびに疑問を増大させるようになってくる。ある日、別のオスがアルファ・オスのカードよりも強そうなカードをテーブルの上に投げ出し、そのゲームは新たな勝者を生むことになる。

アカゲザルは優劣決定戦のポーカーをお互いに戦っているだけでなくて、人間とも同様に戦っているのである。彼らは人間が戦いのときにチームとしてうまく働いていることを理解しているように見える。そして彼らはたいてい、たとえ数が人間より勝っているときでさえ、人間の集団に挑戦しようとしない。しかし人間が一人でいるときには、話は違ってくる。カヨ・サンチャゴで私が一人で散歩していたときに、たまに私とポーカーをしたがっている一頭のオスに立ちはだかられた。明らかにこのオスと私はそれまでに戦ったことがなく、したがって私たちは優劣関係を確立していなかった。彼は問題を決着させることにやる気満々で、もしも彼が勝利したら、彼は駆け回って、博士号を持った研究者より地位が上であると他のサルたちに吹聴することが出来る。そのアカゲザルのオスは、私のほうが彼よりも体が大きくてどうやら強そうだということを明らかに分かっているはずである。つまり私たちのカードの何枚かはすでにテーブルに置かれているのだ。しかしアカゲザルは人間の中にはアカゲザルを怖がっているものもいるということを学習していた。彼らはまた、それまでに、人間に襲いかかって、しかも罰せられなかったという経験を持っていた。戦うことへの恐れとやる気は正面きって見ることができないものなので、アカゲザルのオスにゲームをする余地を与える。そして彼は賽を投げて私を脅かすのである。

この時点で私は二つの選択肢を持っている。私は彼に「いや結構。私はサルと優劣を争うゲームをする気はないね」ということも出来たし、ゲームに参加して私の競り高をつけても良いのである。私はいつも最初の選択肢を選ぶ。それで私は脅されると、ただサルと目を合わせることを避けて自分自身のすることに専念する。私は回避、恐怖、服従のように解釈されるようないかなる反応も示さないように、注意深くしなければならない。そうでなければゲームは間違った方向にエスカレートしてしまうに違いない。もしサルに、私より上位になれるかもしれないヒントを与えてしまうとすれば、彼はそうしようとするだろう。大半の場合、私の無関心は功を奏し、その状況に関わらずに済んでいる。しかしときどき私をいやとは言わせずに脅し続ける強情なオスに遭遇する。その時点で私は選択の余地がなく、相手をしなければならないし、うまくやらねばならないのである。私が競り高を宣言するとき、もし彼が私のカードをテーブルに置かせるならば彼がそれまでに得た何もかもを失うことになるだろうということを、サルに信じさせなければならない。そして私はできる限り上手に怒ったような顔をして彼を見下ろす。肺の底から思いっきりの大声を彼に浴びせる。人間とアカゲザルの情動や動機づけは相互に十分に似ているので、この2種にとっては翻訳を必要とせずにお互いを理解することが可能である。明らかに、私はマカク属のサルと取っ組み合いをするつもりはないし、私が勝つことを確信しなくても、私のハッタリは彼に十分通じるもので、最終的には彼は私をひとりにしてくれるのである。

中学校時代に私はアカゲザルとその脅し方についてたくさん知っているようなゴロツキを知っていた。彼は大きくてタフで、諍いとさまざまな空威張りの行為によって近隣の仲間全体の間でアルファ・オスの地位を築き上げていた。彼が手下の数を増すためと、最優位の地位への潜在的な挑戦者を試してやる気を失わせるために、街角に立って、他の連中を見下げることで一日を過ごしていた。もし誰かが彼と目を合わせたなら、そいつに近づいて行って、対決をもっとエスカレートさせ、いかに遠くに急いで離れていくかを試すために、さらに明白な脅しをかけた。そのゴロツキは何度も刑務所に出入りしている暴力的な奴で、彼はハッタリをかますのではなくて本当にやるのであった。ある日、私は彼の凝視の標的になった。私はアカゲザルに対してと同じことをした。私は彼と目を合わせることを避けて、ゲームはお断りだといった。私の選択は賢明であった。そして私にとって幸運なことに、それは彼にとっても十分良いことなのであった。

友好的な信号

脅しと従属の信号の交換はアカゲザル間の伝達相互作用の大部分を占める。アカゲザルの社会生活において優位者は中心的な役割を占めているので、それについての誤解はありえない。そして優位者と劣位者の意思疎通は途切れることなく冗長なものである。アカゲザルの権力や優位性をめぐる絶え間ない争いに関する執念は、しかしながらそれが話のすべてではない。他の部分は彼らの激しい気性についてである。アカゲザルはとてもたやすく興奮するし、顔のような社会的刺激ほど容易に彼らを怒らせたりおびえさせたりするものはない。チンパンジーを目の中に捉えてみよう。そうすればあなたは「元気かい、相棒？　あんたに何かしてやれることがあるかい？」と尋ねるようなお返しの穏やかな眼差しを得るだろう。アカゲザルを目の中に捉えてみると、あなたは「私に話しかけてる？　私に話しかけてるの？」という反応を得るに違いない。別のアカゲザルを目の中に捉えると、彼女は非常に興奮していて、歯をむき出し、金切り声をあげて、命乞いをするに違いない。アカゲザルは人間に対しても、他のアカゲザルに対しても、鏡の中の自分の姿に対しても、そのような類の反応をするのである。彼らはとても自己顕示的であり、だから彼らの顔からその感情を読みとることが出来るし、それは私が彼らの観察を楽しむ理由のひとつである。アカゲザルはお互いの顔でそれぞれの感情を読むことも出来るので、彼らの興奮しやすい気質は社会行動の強力な触媒なのである。

彼らがとても興奮しやすくて慢性的にストレスに曝されているという事実とともに、攻撃性がアカゲザルの社会生活の必要な一部であるという見解を纏め上げるとしたら、結果は多くのサルが弾丸を込めたライフルを持って歩き回り、ほんのわずかな不安で発砲しようとするようなものとしてアカゲザル社会を眺めていることになる。アカゲザルは彼らのごく近い血縁の存在だけが居心地を良くし、リラックスさせてくれるように見える。というのは、彼らは身近な血縁者だけをよく知っていて、彼らの行動がとてもよく予測できるからである。親密な家系メンバーの隣で座っていても、歩いていても、食物をとっていても、比較的安全であるし、複雑な信号で交渉する必要はない。血縁者との社会的な絆は毛づくろいや密集したくっつきあいでも強化されるし、時には人間がするようにメス同士が互いに抱き合うこともある。しかしながら、家系を異にする個体同士や階層の最上位と最下位に位置するサルたちのように地位のとても離れた個体間では、ことは違っている。これらの個体は、接触が稀でその相互交渉も消極的な傾向を持っているので、貧弱な個体間関係しか持っていない。それゆえに、劣位者が優位者の手の届く範囲内にいる自分に気づいたときには、つねに最悪の事態に備えるのである。彼らは優位者との距離を完全にとるか、さもなければ信号を使ってとても注意深くそれを処理するのである。

もしも劣位者たちが優位者との間で寛容や敵対的支援と引き換えに毛づくろいをするというような取引をしたいと思うならば、彼らは優位者にとても注意深く接近し、リップ・スマッキング（相手に向かって口を突き出して速い速度でパクパクする行動）あるいはやわらかくてつぶやくようなグランツと呼ばれるグッグッグッという音声のように友好的な信号を使って優位者に対して彼らの意図を合図する。リップ・スマックとグランツは優位者を平静で満足な状態にしておくために毛づくろいの際にもずっと続けられるようである。優位者が劣位者から何かをして欲しいときには、彼らもまた自分の意図を伝える信号を送らなければならない。もしアルファ・オスが低順位家系のメスと交尾したいと思うなら、彼はいきなり立ち上がって彼女に乗りかかろうとしてはいけない。というのは、気が動転して悲鳴を上げて助けを呼びながら逃げ去るからである。そうではなくてオスは彼女にリップ・スマックをして見せたり、口をすぼめて頭皮の毛を後ろに引いていわゆる「パッカー」と呼ばれる顔の表情になって、自己紹介することが必要である。オスは、これはセックスであって暴力ではないということでメスを安心させるために、メスに対して歯をむき出しにする劣位の表情のようなことさえするだろう。結局、彼女を驚かさずに、少しずつメスに近づいていくための即興的な交尾のためのダンスを演じることになるのである。彼はメスのほうへわずか数歩近づいて、振り返り、数歩戻る。それからこれを何度か繰り返してから、最後の接近となる。オスは文字通りメスに言い寄り、そこで彼の行動を求愛の儀式とみなすことも出来る。私たちがオスの性的求愛を思い浮かべるときには、たいていオスがメスにとって魅力的に見えるために努力することを考える。しかしながら、オスがメスよりも大きくて、強くて、潜在的に危険なものであるような動物たちでは、オスの求愛の重要な機能のひとつは、オスが無害で彼の心の中にあるのはただセックスのことだけなのだということをメスに再認識させることなのである。オスがメスよりもずっと小さくて彼女の好物の餌にされてしまうことも起こるためにオスがメスを恐れているある種のクモのような生物種もある。この場合には、オスの求愛の機能はメスを宥めることであり、彼女が食べる気を起こさないようにすることであるか、あるいは少なくとも飲み下される前にすばやく交尾をする時間をオスに与えてもらうことである。[17] この求愛儀式は、オスがメスと交尾している間にメスが食べつづけられるように食事を持参することで、最高に機能する。実際、昆虫をたくさん持っているオスはうまくいくのである。[18]

アカゲザルはひとつの主要で友好的な顔の表情を持っていて、彼らが毛づくろいやセックスのときにリップ・スマッキングや主要な友好的音声であるグランツを互いに交し合う。これらの信号は遺伝的に友好的意味を内包しているように見えるし、多くの異なった文脈や状況で使用することが出来る。マカク属のサルたちは、毛づくろいやセックスのため近づいていることを誰かに知らしめるためだけではなくて、誰かからそれをしてもらいたいと要求するためにも、リップ・スマッキングを利用する。たとえば、もしアルファ・オスが座って、自分のやりたいことを思い描いており、そして十分に離れたところで座っていたり、立っていたりするメスに対していきなりじっと凝視してリップ・スマックをするとしたら、そのメスは大急ぎで彼に駆け寄り、毛づくろいをし始めるだろう。彼の満足してくつろいだ表情から判断して、それはまさに彼が望んだことだったのだ。しかし、どうして彼女はそう知ったのだろうか？　明らかに、リップ・スマッキングそれ自体が「毛づくろいして欲しい」ということを意味してはいない。そこでメスは次のような線に沿ってあれこれ考えたに違いない。「アルファ・オスが私に友好的に振る舞っている。しかし彼は座って何もしていない。だから、彼が私と交尾したがっているとか、私に毛づくろいをしたいのではない。そこで私がそこへ行って彼に毛づくろいすることを望んでいるのだと推測する」。オスはさらに、これは毛づくろいのことだということを分からせるために、横になって彼が毛づくろいして欲しいからだの部分をさらすことで、メスにヒントを与えるかも知れない。だが一方、オスがセックスを求めていたのだとしたら、彼はメスが近くに行ったときに彼女の尻にタッチすることだろう。

アカゲザルのメスたちは他のメスたちやその子どもたちにたくさん、リップ・スマックやグランツをする。それは赤ん坊に触りたいメスがその子の母親に対して友好的な意図を知らせるためか、または赤ん坊に何かをさせるためか、あるいはまさに赤ん坊を見て興奮しているからか、さらにはそれらのすべてによってか、明らかではない。アカゲザルのメスたちは、赤ん坊に近づいてその子に触ったり抱いたりしたがっているように見えるときに、ガーニーと呼ばれている鼻にかかった調子の良い音声も出している。ガーニー（ギュルギュル音）は赤ん坊の注意を引きつけてなんとかうまく反応を得ようとする一種のあかちゃん語に違いない[19]。メスは赤ん坊を見て、グランツやガーニーを発している間に彼女の尻尾を揺り動かしたりもするのである。

いくつかの理由で、母親たちはけっして自分の子どもたちに対してグランツやガーニーを発したり、尻尾をゆらゆらさせたりはしない――彼らは他のメスの子どもにだけそうするのだ。赤ん坊が自分自身で歩き回り、母親のところへ戻ってくる時間が来たときにだけ、母親たちはリップ・スマックあるいは歯をむき出して示す表出を子どもに対して行う。私は、赤ん坊の前方で母親があとずさりしながら、自分に歩いてついて来るよう促すために赤ん坊たちに向けてリップ・スマックをするところも見たことがある[20]。これは私が見たアカゲザルの所作の中でもっとも人間的な行動のひとつである。最初に見たとき、私はそれに強く印象づけられた。しかしながら、アカゲザルがその子と遊んだり、食べ物を一つ与えてやったりするのを見たことがない。その代わりに、母親が赤ん坊の口の中からひとかけらの食物を取り上げて自分で食べてしまうところを、私は頻繁に見たことがある。アカゲザルの母親たちはその赤ん坊をとてもよく保護することが出来るのだが、無原則に気前の良い行為で時間を無駄にしたりはしないのである。

チンパンジーの母親たちは赤ん坊をくすぐってやって、赤ん坊たちは微笑みや笑いのような表情で反応する。アカゲザルはそのようなことは何もしない。アカゲザル観察の二十年間で、愛、同情、あるいは罪悪感のような感情の表出にたとえられるようなものや、あるいは喜びや満足のような前向きの情動を私は何も見たことがない。彼らが持つ喜びの表出にもっとも近いものは彼らが他のサルから毛づくろいをしてもらいながら横になっているときのくつろぎである。アカゲザルのオスは交尾して射精するときに歯をむき出してキャアキャアと鳴く。私は、彼らが私たちとまったく同じように痛みを感じるのと同様に性的満足を経験しているのだと確信している。彼らのために公平に言えば、アカゲザルは積極的な情動や感情を明確に表出することのない異常な動物なのではない。動物における情動のもっとも明白な表出は、それらが行動的であれ生理学的であれ、おびえや不安のような消極的なものなのである。

サルの軍隊生活

私はアカゲザルの社会行動の複雑さや微妙さに感銘を受けているが、彼らの伝達能力に同様に感銘を受けているとは正直、言いがたい。わずかな異なった音声だけがアカゲザルでは使用されている。そしてそれらは他の動物や大半の目立つ鳥の歌の音声よりもはるかに単純なものである。アカゲザルは比較的少ない表情や身体姿勢しか持っていないが、それらがかなり包括的な意味をもっているらしい。もし意味をもっているとすればだが（たとえば、人間の言葉のような意味で）。さらに加えて、アカゲザルは人間がするように手を使ってジェスチャーをしたりはしない。人間はお互いに絶えず情報交換や伝達をしている。だが一方、アカゲザルの群れをかなりしばらくの間じっと見ていても、表情や音声のような一つの信号が交換されているのを見ることができない。彼らがお互いにおしゃべりをするときその会話の内容はかなり単純なものである。アカゲザルは他者に食物のありかや捕食者、あるいは攻撃についての注意を喚起する音声を持っている。それらすべての音声は情動的あるいは動機となる意味内容を持っているのだが、見つけられた食物の質や量そしてその場所、出くわした捕食者が四足動物なのか鳥なのか、あるいは誰かの攻撃者がオスなのかメスなのか、はたまた血縁者なのか否かなどのように、もっと明確な情報も伝えているのかもしれない。それ以外のことについて、アカゲザルは、天候や、今日の森はなんて緑が映えているのかとか、あるいは彼らの生活の場のその他の物理的な環境については何にも語り合っているようには見えない。

人間の状況のもっとも顕著な特徴のひとつは他の人々の存在と活動であり、これは彼らの会話に反映されている。たとえば、大学構内のカフェテリアでなされた研究では、学生の会話の内容の58・3パーセントがうわさ話であったという結果が示された。人類学者たちは非工業社会の村で同様のパターンを見出している。[21] アカゲザルの会話の大部分もまた社会状況についてのものであるが、彼らは私たちのように他者についてのうわさ話はしない。その代わりに彼らの会話の大半は社会行動、つまり、彼らがしたいこと、彼らが他者にしてもらいたいことあるいはしてもらいたくないこと、そしてセックスや毛づくろいのような彼らが他者と一緒に出来ることあるいはすべきこと、などである。しかしながら、これらの種類の会話さえ、人間との比較において明白であるばかりか、彼らと密接な関係がある他のマカク属のサルたちと比較しても、アカゲザルたちはまったく限定的に、抑制的にしか表さない。たとえば、アカゲザルに比べてブタオザルやベニガオザルは視覚信号や音声信号の広範なレパートリーを持っているし、彼らはアカゲザルが使用するよりももっと頻繁にもっと複雑な相互交渉においてそれらの信号を使っているのである。(22)

動物たちがどのようにお互いに伝達しあっているのかということは彼らの解剖学的構造と生理にかかっている。それは彼らの骨格、筋肉、声帯、脳、そして鼻の中の嗅覚受容体などである。どれくらい動物たちが互いに伝達できるか、そして何について対話するのかということは、彼らの生物学的な状態だけでなく彼らが生活している状況にも部分的にかかっている。アカゲザルの解剖学的構造と生理は実質的にマカク属の他の種とまったく同一である。そして彼らが生活している森林やその他の生息地もまた、ごく最近までまったくよく似ていたようだ。そこでもしアカゲザルが他のマカク属のサルたちと比べて単純で洗練されていない伝達システムを持つとしたら、結論として彼らの社会環境でなんとかやっていくための何かを持たなければならない。

アカゲザルの社会構造とそれを機能させるための方法は社会的伝達を最小に止めるということであるに違いない。次のように考えてみてはどうだろう。伝達のあり方は社会的交渉のための適応であり、アカゲザルではメスがオスよりも一般的に社交的である。子どもたちはオスもメスも初めのうちは高度に社会的な環境で成長する。しかしそれから、メスが彼らの大きくて複雑な社会ネットワークの中に埋め込まれて留まるのに対して、オスは半ば単独の生活様式に投げ出される。他の群れに移った後にオスは単独であるいはわずかな仲間と一緒に多くの時間を過ごすのである。彼らは新しい群れに入れてもらったとき、性関係あるいは同盟構成——それは階層を上昇するための機会である——を含む場合にのみ社会的活動に関与するのである。ほとんどの場合には、彼らは単独でうろついているだけである。伝達になると、アカゲザルのオスたちははっきり反応しないか目立たないようにしている。他方、アカゲザルのメスたちはとても社交的ではあるが、ほとんどの時間を近親家系の仲間と一緒に過ごしている。そのことは彼女たちがよく見知っていて、大変よく似た社会的関心を持つ個体と一緒に過ごしているということであって、だから彼女たちの行動は首尾一貫したものであり、予測可能なものとなる。メスたちはごく近い血縁者たちの支援に頼っている。そして彼女らは、群れにいるオスたちに保護してもらう見返りとしてセックスをするという、ちょっとした取引をするのである。彼女たちは藪の後に隠れてよそ者とのセックスも楽しむ。これらは伝達を中身のつまった複雑な様式に高めるような社会的環境ではない。メスの社会生活は母系システムの強固さによって束縛されているので、その社会生活こそが伝達の機会なのである。別の家系に属するメス同士の相互交渉は一般的には母系間の非友好的な関係と硬直的な階層システムによって阻止される。そのシステムは社会的地位の離れた個体たちが広範に交渉に交渉を持って結びつくことを困難にしている。強固な階層は伝達の複雑さ化されたコミュニケーションの様式を促進せず、単に個体間における地位の違いを伝達する明確で多くの信号を作り出すだけである。複雑な政治と取引は血縁の垣根や権力階級を越えて、相互交渉が洗練された伝達と折衝を促進させるのだが、アカゲザルの場合はほんのわずかしか提供しない。アカゲザル社会は軍隊のように組織され、軍隊の役割は戦争を引き起こすことであって、言語や文化を創造することではないのだ。

兵士たちはたいていよく似た階級のもの同士で社会化される。それらの兵士の間ではとくによく似た背景を持ち、類似の経験や興味を共有する同郷出身者で結束する。別の言葉で言えば、兵士たちは小さな血縁集団を再創造するのであり、彼ら自身にもっともよく似た個人たちで血縁に類似した結合を形成するのである。時には、血縁集団が現実になる。私がイタリア空軍で軍務についていたときに、一度、私の兵舎の電話帳を開いたことがあった。そしてほとんどすべてのページに同じ姓の人々の長いリストを発見した。イタリアでは同じ家系のたくさんの男たちが世代を超えて軍隊に登録されている。そしてさまざまな縁故者びいきのシステムを通して、彼らはみんな同じ基地に至るのである。私が調べた電話帳からの判定では、私の空軍基地はアカゲザルのそれとよく似た社会構造を持っていた。アカゲザルの母系社会によく似た厳格で直線的な順位序列と巨大な血縁グループが存在したが、それは女性がいなくて男性だけで構成されていた。血縁集団が現実であっても仮想のものであっても、軍隊の中には身びいきの行動がはびこっている。同じ集団に属する兵士たちは友情と相互支援を共有していて、一緒に他の集団の兵士を苛めるのである。新入者は強制的にアカゲザルの群れに入れられたメスザルと同様の扱いを受けることになる。彼らは階級の最底辺から彼らの経歴をスタートさせることになり、上昇するために働かなければならない。このように、軍隊はアカゲザル社会の階層性と母系構造と同類のものを持っている。そして伝達の動態はまったくよく似ている。軍隊内の伝達は複雑さや精緻さを必要とはせず、ただ明快で、単純で、効率的でありさえすればよい。軍隊が戦争に直面したときに、兵士たちは命令を尋ねたり、自分らの義務と責任について交渉することで時間を浪費したりはしない。兵士たちはするべき仕事を持ち、それをうまくやる。そしてアカゲザルもそうするのだ。

IX　愛と哀れみのマキャベリ的起源

脳の大型化と複雑な知性にいたる進化的旅路の操縦士と乗客

ホモ・サピエンスと呼ばれる人類は可能性を秘めた動物である。そしてマカカ・ムラッタつまりアカゲザルも同様である。人間社会とアカゲザル社会のどちらにおいても、他者の助けなしに生き残り、成功することは困難である。成功は政治的な権力にかかっており、その力は他の個体との連合の形式を通して獲得され、維持されるのである。アカゲザルでは大半の政治的権力は血縁に基づいた連合のネットワークすなわち母系的構造を通してメスによって固守されている。人間もまた、協同し、それぞれの家族的構成員との連合を形成している。しかし、人間社会の規模や複雑さを考えると、大規模な政治的権力の追求には、血縁的に無関係な個体との連合のネットワークを形成することが必要である。これらの連合のネットワークは政党と呼ばれていて、すべての人間社会で実質的にそれらは男性によって左右されているのである。

協同があるところならどこでも競争もまた存在する。個人は他者と張り合うためにお互いに協同するのである。競争の原因を考えてみると、人々にとっての問題の主因は他者ということになる。そしてアカゲザルにとっても他のアカゲザルが問題の種なのだ。協同と競争の複雑さを解決するために、アカゲザルも人間も複雑で日和見主義的な形の社会的知性を発展させている。このマキャベリ的な知性は他の霊長類――たとえば、ヒヒやチンパンジー――にも見出されており、いくつかの他の動物においても同様に存在するが、すべての動物に見られるわけではない。非マキャベリ主義の動物が愚かだというわけではなくて、彼らには異なった種類の社会構造が存在するのであって、社会的知性はおそらく彼らの生活様式と必要性に対して適応しているのであろう。たとえばマウンテンゴリラは巨大なオスと彼のハーレムのメスたちと子どもたちによって構成された小さな集団で生活している。マウンテンゴリラ社会で成功するオスは強くて物静かなタイプであって、成功するメスはそんな若者を見つけて、彼に寄り添える者である。[1] このような性格上の特色は政治的野心の育成を促進したりはしない。マウンテンゴリラの生活様式はキングコングのようなものを生み出すかも知れないが、マキャベリ主義者は生まない。[2]

大きな社会集団での生活はマキャベリ主義的な社会知性を進化させるばかりか、一般的に広く複雑な知性を進化させる。人間はすべての霊長類の中で体の大きさに比べて相対的に最大の脳を持っている。そして大型類人猿が人のまねをする方向に進んでいる。[3] 人間は特別に大きな新皮質すなわち人間のもっとも複雑な社会認知機能を担っている脳の部位を持っている。どうしてまたどのようにして人間や大型類人猿が大きな新皮質を発達させたのかということに関してたくさんの異なった仮説が存在している。マキャベリ主義的知性仮説によれば、私たちの大きな新皮質は大きな集団で生活してきたことの結果なのである。そこではそれぞれがたくさんの違った顔を覚えたり、連合を形成したり、誰もがそれぞれ何をしようとしているかを把握し続けるなどの働きが必要である。[4]この見解と矛盾しないことに、大きな集団で生活している霊長類の各種は小集団で生活していて、からだの他の部分では変わりがない種と比べて大きな新皮質を持っているのである。[5]

この筋書きに対しては興味深いねじれがある。最新の霊長類学的仮説によれば、霊長類が集団で生活するかどうかは、メスたちとその必要性によって決定されている。[6]もし、メスが食物を探したり、自身の捕食者を避けたりするのに都合がよいというのであれば、種はすべて孤立的な生活様式をもつというのである。もしメスがその子どもたちを育てるためにオスの助けが必要であるとすれば、その種はオス・メスのペアか小さな家族的集団で生活するだろう。結局のところ、もしもメスたちがお好みの食物を見つけたり守ったり、捕食者から自分たちを防衛したりするために、他のメスたちと協同することが必要であれば、その種は集団で生活するのである。これらの集団は、再びメスたちの必要性に応じて、大きくも小さくもなるのだろう。オスたちだってもちろん欲求があるし、その欲求とはメスのことである。霊長類の社会進化を研究する科学者たちの間にはとてもすばらしい知性が存在する。そして何十年もの知的な努力と数え切れないくらいの数理モデルの後に、霊長類社会の進化に対するオスたちの貢献は次のように集約されると、彼らは結論づけたのである。すなわち、オスたちはメスたちのいるところへいくのだ、と。[7]だからメスたちがもしも単独生活をしているとしたら、オスたちはすぐに彼女らをつけまわすに違いないし、もしオスたちがメスたちと一緒に集団で生活しているとしたら、オスたちはすぐにそれらの群れに加わることだろう。生活においてオスの最重要なゴールはつねにひとつで、全員同じであって、セックスだ。たくさん食物を食べるオスは、潜在的に危険であり、子どもたちを十分には手助けしないので、大半の霊長類の種のメスたちは群れの中にわずかなオスだけを許容して、オスに捕食者や他の集団のサルたちと戦って役に立つ存在になることを期待するのである。

マキャベリ主義的知性仮説における興味深いねじれは、霊長類の分類群において横断的に見られる新皮質の大きさと集団サイズとの関係が、オスではなくてメスにおいて見出されることである(8)。言葉を変えれば、他のメスたちと集合的に生活するメスの数が多いほど、種の個体の新皮質をより大きくするのであって、どっちにせよオスの集団サイズは新皮質の大きさとは相関関係がないということである。この興味深い発見は旧世界ザルと類人猿、さらに人間も含めての複雑な知性の進化がメスの社会生活の複雑さの増大に起因しているに違いないということを示唆している。霊長類の大きな脳と複雑な知性を導いた進化の旅路において、メスとオスは一緒に旅をし、やがて同じ目的地へ到達したのだが、メスはその操縦士であったのに対してオスは乗客に過ぎなかった。賢いメスたちは賢い子どもたちを生み出し、それらのあるものはたまたまオスになる。オスたちは遺伝的にそして解剖学的にメスによく似ている。だからメスが賢くなると、オス――少なくともその中のある者たち――もまた賢くなっていくのである。

性の不平等とオスとメスの力

性が平等であるなどということは霊長類社会においては稀なことである。一般的に一方の性は他のものよりもいっそう大きな政治的な力を持っている。そしてその社会を統治する規則はより強い力をもつ性によって作られているのである。複雑な霊長類の社会は、そしてほとんどの同様の社会においても、連合の形成により都合のよい性によって支配されていて、その性はメスである。強力で長期間の連合にとっての基礎を与えるものは血縁であって、霊長類の大半の種のオスたちは他の集団へ移動し、自分の家族をその場に残していくので、メスたちはオスたちよりもずっと血縁との連合を形成する機会を持っている。メスが群れを出て、オスが血縁のオスたちと強い絆を形成するような種は霊長類では例外的である。チンパンジーはそのような例外のひとつであるが、チンパンジーの間ではオスが政治的権力を握っている。人間はおそらく、メスが集団から出てオスが群れに留まって、他のオスたちと政治的な連合を形成するような、チンパンジーによく似た霊長類から進化したのだろう(9)。その結果、人間の社会はつねに男性優位であり続けているのだ。もしも人間の社会がメスの結合とメスの支配という卓越した霊長類の社会様式を持ち続けていれば、ことは違っていただろう。そしてアカゲザルは私たちに、人間社会がどのようなものになっていたのかを垣間見せている。

アカゲザルでは、オスが生まれた群れから移出することが、その父親、兄弟、あるいは他のどんな家系メンバーたちとも連合の設立を妨げている。オスたちが新たな群れに移入して繁殖に加わるとき、彼らはその子どもたちが成人期に到達するよりも短い時間しかそこにはとどまれないだろう。もし彼らが成功して、あるいは幸運にも、長くそこに留まるとしても、息子たちの移出に際して、いずれにせよ別れのキスをするだろう。大人オスたちには、たいてい比較的短時間の間、非血縁の個体たちと連合を形成する機会があるが、これらの連合は不安定で短期間で終わる傾向がある。このようにアカゲザルのオスたちはほとんど政治的舞台で一人ぼっちで暮らすのである。彼らの社交的世界の頂点に立つためには、体力的な強さと他のオスたちと戦うためのやる気、さらには他の個体や状況を利用するための便宜主義的な社会技能が必要である。アカゲザルのオスの生活は頂点にアルファ・オスを持ったはしごにいるようなものだ。どのオスも、顔の正面に自分より上のやつの尻を、下には後を追いかけてきて一息入れているやつを持ちつつ、その生活の最良の部分をはしご昇りのために使っているのである。

アルファ・オスの地位は、群れの中のすべてのメスとの性行為を抑制されないとか、食物や他の資源への接近の優先権を持つというように、たくさんの利益を伴っている。それでもアルファ・オスの権力はたいていは代表者であるに過ぎない。彼は規則を作ったり、社会を統制したりはしない。アカゲザルのアルファ・オスは王様か大統領のような社会的、性的な特権を持っているのだが、政治的権力が首相とその政党の手中にあるような政府における特権である。アカゲザル社会ではこれらはアルファ・メスとその母系関係に相当する。アルファ・オスの力は支援の堅固な土台をもっていないし、はしごの頂点にまったく一人で立っていることは不安定な状況となり得る。つねにはしごを登って、はしごを揺り動かす他のオスたちがいるし、首相の忠誠が彼らの他の1頭に切り換えられたその瞬間に、王様は一気に没落させられる。つまり頂点を極めたわずかなものだけが、数年間だけアルファ・オスでいられるのであり、その後、別のオスによって打ち倒される。それからあとは彼らの生活はまさに下り坂なのだろう。彼らがなし得ることは、星が空にある間だけ可能な限り明るく鮮明に輝いているのを確かめることと、名声のある15分で巧みに授精させた子どもが、彼らの遺伝子を上手に面倒見るように希望をつなぐことだけである。

メスの力はそれとは違っている。メスたちは長い期間にわたって群れにいる。彼女たちはメスの血縁者たちから受ける支援で自らの力を基礎づけている。そして彼女たちは生涯にわたって続く社会的関係で、その援助を獲得し、維持し、育むのである。メスたちにとって、力とは数であって、大きな家族は小さな家族を圧倒する。メスの力は何世代にもわたって築かれ、何世代も持続する。アカゲザルのメスたちは一頭のオスに代表者としてのリーダーとなることを許し、その他の少数を大目に見るが、彼女たちが政治的判断を支配している。彼女たちの母系組織は群れ内の政治的な力をめぐってお互いに張り合っている。その方法は、政治家を支援する政党や大企業が現代資本制社会において行っているようなものであり、マフィアの世界で張り合って権力を支配しているファミリーのやり方のようなものなのである。

アカゲザル社会における身びいき主義と専制主義

アカゲザルのようにメス同士が結合しメスが支配している種では、慣習は大人のメスたちによって作られ、社会的動態がメスの社会関係の本性によって方向づけられていることになる[10]。換言すれば、おとなのメスがお互いを扱うやり方は他の個体を遇するやり方に影響を与える。たとえば、おとなのメスが赤ん坊たちを扱うやり方、メスが大人のオスたちと関係する方法。そういったことはまた、他の個体たちが互いを扱うやり方に影響を与える。たとえばオスたちがどのように他のオスたちと関係するかという事例を見れば分かる。アカゲザルのメスたちがたいていの場合に他の母系家族のメスたちと敵対的な関係を持つという事実は、おそらく大人のオスたちが遺伝的に血縁でない大人のオスとわずかな、しかも敵対的関係しか持たないという事実となんらかの関係を持っている。ヒヒや他のマカク属のようにメス同士が強固な絆を持つ他の種では、非血縁のオスたちが他のオスやメスに対してお互いに連合を形成する。そしてこれらの連合はオス同士が本当に協働あるいは相互依存によってお互いを支持しあうことを必要としている[11]。しかしながら、アカゲザルではオス間の連合は一般的に稀であって、通常は本当の意味での交換や利他的な互恵性も持たない個体的なご都合主義的な行動であるとみなされる。アカゲザルのメスたちは、そのやり方でお互いを扱う理由を持っているように思われる。しかし彼女たちの社会的な習性はオスにも影響を及ぼす。知性をともなっているので、メスたちは社会関係の輪の背後に隠れていて、オスは単純につきまとっているだけだ。

アカゲザルの社会関係は血縁と優劣関係によって定義づけられている。アカゲザルは血縁者を一般的に非血縁者と違ったものとして扱うし、高順位のメスを低順位のメスとはとても違う存在として扱う。メスが血縁と非血縁を区別するような霊長類の種はたくさん存在する。しかし、アカゲザルほどに極端なものはいない。他の霊長類の大半の種でも優劣の階層性は形成されるが、個体間の優劣の差は、アカゲザルの場合のようには、彼らの社会的な交渉に影響を与えない。個体の行動が非血縁よりも血縁に著しく片よっている関係や社会はいわゆる身びいき的である。それに対して、血縁の影響が最小であるような関係や社会は個人主義的（利己主義的を含んだ意味として）と呼ばれる。優位者に対する行動と劣位者に対する行動が違っているような関係や社会は専制的と呼ばれ、一方、行動において優劣の影響が最小であるようなそれらは平等主義的と呼ばれるのである。(12) アカゲザルのメスたちはお互いに身びいきで専制的な関係を持っていて、その全体としてのアカゲザル社会は高度に身びいき的専制的社会としてうまく描かれるのである。

身びいき主義と個人主義（利己主義）そして専制主義と平等主義は現実には社会関係における普遍的な要素である。これらの要素に沿った変異は多くの動物社会と人間社会を特徴づけるために効果的に利用され得るものである。身びいき的な社会ではそれぞれの個体は社会的な仲間（性的活動を除いて）として血縁者へ強い嗜好を持っていて、多くの時間を彼らと一緒に過ごすのである。彼らの利他的行動の大半は直接、血縁に向けられ、血縁者はつねに非血縁者よりも助けられる。非血縁者間の社会的交渉はめったになくて、それらの交渉の大半は競争的か敵対的かである。利他的行動が他のサービスと交換される社会的な交渉はときおり非血縁者との間で行われるが、そのようなことはしっぺ返しの慣習によって厳格に規制されている。身びいき主義的な社会における個体の社会的成功の機会は、その大部分を家族が持っている政治的な力に負っている。それぞれの個体は血縁でない個体や集団との取引機会をほとんど持っていない。そして優劣の階層を越えるような社会的な移動は家系の血統や家柄によって強く抑制されている。身びいき的な社会では、運命は出生とともに定められている。対照的に、利己主義的な社会では、大人の個体間と出身家系間の社会的なつながりはずっとゆるく維持されており、それぞれの個体は社会的に非血縁者に引きつけられ得るし、彼らとあらゆる種類の協力関係を形成することが出来るのである。成功は家族の手助けによるよりも、個体的な性格によるところが多く、その性格は身体的なもの（まさに強さと魅力）、やる気（衝動と野心）、もしくは気性（社交的な個性あるいは不幸や困難からの回復力）というようなものである。もっとも大切なこととして、社会的つながりを形成し、他者と連合を確立するための利己的な社会的技術と能力は、個人主義的社会における成功の鍵である。これらの社会では、社会の階層を越えた個体の移動性が高く、身びいき的社会に比べて政治的権力構造がほとんど安定せず、強固なものになっていないのである。

専制主義と平等主義のさまざまな変異は権力、そしてとくに、個体間の優劣の違いがいかに彼らの関係に影響を与えるかということと関連づけられなければならない。専制的な社会には、個体間に強固で安定した優劣の階層が存在し、優劣の違いは（行動の自由、有形資源の占有、あるいは他の個体への影響力というような）個体的な力の大きな差異と関係している。そしてそれらは現実に社会生活のあらゆる状況に影響している。優位者と劣位者の間の関係はとても非対称的であって、ほとんど互酬的ではない。優位な個体はそれぞれの状況、つまり結局はあらゆる状況において彼らの権力と特権を行使し、劣位者に対して友好的であることはめったにない。それどころか優位者は劣位者を利用し、あらゆる種類の脅し、圧迫、あるいは巧みな操作で劣位者たちの行動を支配するのである。社会的な順位を異にする者の間での権力をめぐる緊張と闘争は不断に存在するが、優劣の順位を超えるような移動は特別な機構もしくは規則（たとえば、年功序列）に限ってしか許されてはいない。それに対して平等主義的な社会では、優劣階層は存在しないか、あるいは取るに足りないくらいの影響力しか、社会生活においては持っていない。社会的な交渉は圧迫や搾取よりも、よりいっそう協同や分担、あるいは交渉と取引に基礎づけられている。もしも優劣の関係が存在するとすれば、それらは一時的で可逆的なものであって、個体間の力の差の大きさに関連するものではない。優位な個体は劣位者たちを許容し、自分たちとほとんど同じ大きさのパイを分け前として劣位者たちに得させるのである。

人間社会における身びいき主義と専制主義

すべてのサルと類人猿の間でアカゲザルは典型的な専制主義的で身びいき主義的な社会を持つが、その主たる理由はアカゲザルのメスたちが個体同士で互いに持っている専制主義的で身びいき的な関係にある。人間はかなり融通が利く存在であって、おかれた状況に適合させることができるのだが、個人主義的で平等主義的な表層のすべてが剥がれると、アカゲザルのそれに似ていなくもない専制的で身びいき的な本質が見えてくる。人間社会の優れた生活様式は、血縁と優位性が社会関係に影響する範囲に影響を与えることができるのである。個人的な地理的移動性は、とくに社会システムが個人主義的か身びいき的かどうかと関係する鍵となる要素である。[13] 遊動的な生活様式をもつ人々は一般的に血縁者ともそれ以外の人たちとも安定的で長期にわたるような同盟を形成する機会をほとんど持っていない。そこで彼らの社会は身びいき的であるよりもむしろ個人主義的になる傾向がある。自分たちの家畜を連れて広大な地域を移動し、わずかな限られた家族の仲間たちとだけ同行している遊牧民たちは、この種の個人主義的な社会を持つ傾向がある。それに対して、定住性の生活様式をもつ人々は、彼らの家族に取り囲まれて生活を送り、多くの人々の参加を必要とするような活動に没頭し、身びいき主義的な社会構造を形成する傾向がある。個人の移動性や移民率が低い農業社会や工業化社会はこの種の身びいき主義的社会となる傾向を持つのである。

個人の低移動性と身びいき的な社会の動態との相関関係を示す良い事例は、イタリアの高等教育システムにおいて知ることが出来る。イタリアでは大部分の学生が彼らの生まれた都市にある大学に進学し、彼らの両親が住んでいるところからほんの数ブロックのところで働き、残りの人生を過ごして一生を終える。結果として、アカゲザルの母親がその娘たちにするように、彼らの両親は子どもたちの生涯に影響を与え、支援することが出来るのである。対照的にアメリカ社会は、周知の歴史的地理的理由からも分かるように、他国からの大量の移民と国内での移住を伴う大規模な個人の移動によって特徴づけられている。アメリカ社会は全体としてイタリア社会よりも身びいき的ではないし、アメリカの高等教育システムはイタリアのシステムよりも身びいき的要素が少ない。アメリカの学生の大半は彼らの両親が住むところから遠く離れた場所にある大学に進学し、学術的な経歴を追い求めるものは、彼らの教育がさまざまなものの混じりあったもので、活動分野を拡げられるものであることを確かにするために、移動するよう絶えず促される。学部学生としてスタートしてから教授になるまでの間に、アメリカ人は少なくとも4、5回の地理的環境や知的環境を変化させるだろう。そしてこの移動のすべてが経歴の前進における身びいき的な仕組みを妨げるのである。それにもかかわらず、血統はいつでも生じるし、身びいきはアメリカにも、とくに政治権力や経済界といった上流階級に、存在する。結局のところ、過去二人の大統領が同姓であったというのは偶然の一致などではないのだ。

専制主義と平等主義の人間社会における変異は、個人的な移動性と地理的分散のパターンによるよりも、資源（たとえば、財産）の利用やその資源が個人によって効率的に独占され得る範囲によって説明される。人類学者たちは、現代の狩猟採集民たちの社会が比較的平等主義的な社会構造を持つということに長く注目していている。(14) 狩猟と採集のどちらも多くの人間の協力が必要であり、この種の生計活動が平等主義の社会関係を促進するという可能性がある。もうひとつの可能性は、このような生計活動が個々人に他者より不釣合いな財産を蓄積することを許さず、大半の個々人が資源を同じように利用し、所有することの結果だということである。これは次に平等主義を促進させるかもしれない。他方、大量に生産し、他者と交換あるいは売買することが出来るような農業社会や工業化社会では、成功した者とそうでないものとの間で財産や政治的な力に大きな不均衡を生みだすのだろう。財産や政治的な力の違いは、優位さの違いに関連する優劣階層と社会的仕組みの形成を促進するに違いない。永続する基礎として大地を所有し、開発することは縄張り争いと集団間の戦争をも促進するのだろう。高度に階層的で専制的な社会力学の結果として、軍事力を持つ集団はその力を他の集団に対してだけでなく、彼ら自身の集団の内部に向けても用いるに違いない。

身びいきは必然的に個体間や集団間において権力と優劣の長期的差異を引きおこすので、身びいきそれ自身が専制主義を促進させるようだ。個人主義的な人間社会においては、人々はたいてい自分自身しか信用していない。ある者が他の者たちより最終的にはより成功しているけれども、成功の機会は、少なくとも初めは、すべての個体に公平に与えられている。他方、身びいき主義的な社会では、たくさんの血縁者を持つ個体が血縁者の少ない個体よりもいっそう強い力を持つことが出来る。身びいき的行動は力の差異を拡大し、悪化させ、やがてそのような差異を固定させる。個人主義的な社会では、力の均衡が取引や交渉で修正されることもあるのに対し、高度に身びいき主義的な社会では力の構造がしっかりと確立しているので、それを急激に変化させることは革命をもたらすのである。

人間の本性とアカゲザルの本性

個人的な移動のパターンや分散、生計活動のタイプ、さらには資源の蓄積と独占の機会などを含む生活様式の差異は、身びいき主義と個人主義そして専制主義と平等主義から見た人間社会の変異をもたらす要因のいくつかに過ぎない。それ以外にも、たとえば、交尾（結婚）の仕方や親による世話の仕方などを含むたくさんの要因がありうる。結局、これらすべての要因を重ね合わせたものとして、文化的な影響——たとえば、歴史的あるいは宗教的慣習——が存在する。それは、世界のそれぞれの地域によって違いを生じ、個人を、身びいき主義かまたは個人主義、専制主義か平等主義へと誘うのである。ある社会科学者たちによれば、生活様式、社会構造、そして行動のこれらすべての変異は、人間を、ひとつの種として定義づけているとして、人間の本性とは何かということを現実に知ることを不可能にするのである。なぜなら、人間の本性などというものは存在しないからというのだ⑮。私は同意しないし、他の多くの人たちも同意していない⑯。

世界の異なった地域の人々は、身にまとっている文化という衣服の違いでとても違ったように彼ら自身を見せている。しかし、衣服を脱ぎ捨てたときには、彼らのからだは同じように見える。アカゲザルはどんな衣服も着ないし、彼らの行動と社会構造は世界のどこで生活するかに関わらず、とても同じように見える。彼らは生息するどこででも高度に専制主義的で身びいき的な社会を形成するような強い傾向を持つように見える。人間の本性を知り、人々が特殊なタイプの社会構造を形成する生物学的傾向をもつかどうかを理解するために、私たちは人々の文化的な衣服を脱がせて、彼らの裸のからだを覗かなければならないのである。

世界中にある拘置所あるいは刑務所での生活は、私たちに、普通は人間の行動に影響するような歴史的、地理的、文化的要因のすべてを窓の外へ投げ捨てるとき、人々はどのように自らを組織し、どのような種類の社会的関係をお互い同士で形成するのか、ということについて注目すべきものを教えてくれるだろう。有罪を宣告された犯罪者が刑務所に入るとき、彼らは衣服と個人的な所有物をすべて——シャツ、パンツ、札入れのみならず、彼らの文化的な衣服も同様に——をドアの前で脱ぎ捨てる。彼らは家族の歴史と子ども時代のしつけ、教育、信仰、政治的権力そして物質的な所有物、さらには過去の功績と将来への計画のすべてから永遠に離れるのである。換言すれば、彼らは文化的帰属性を脱がされるのである。それは通常は、彼らが自らについて考え、他者が彼らを眺めるための手段であり、社会の中での居場所を決定するものである。彼らの生活の時計はリセットされて、いつもは刑務所の外の生活を取り巻き、支えている社会的で文化的なすべての足場なしに、彼らはもっとも初期の段階からスタートしなければならないのである。彼らが得られるのは番号と制服だけである。

私はこの問題の専門家ではないけれども、世界中に設けられている拘置所や刑務所における生活の話は、地理的な位置や時代、あるいは収容者の民族的、文化的もしくは宗教的背景などにかかわらずまったくよく似ているようだ。囚人たちは利用できる資源をめぐって互いに競争している。資源と権力をめぐる競争は、囚人間の優劣関係の確立をもたらす。拘置所や刑務所といった収容施設で生き延びたり権力を獲得することは、他者からの保護や支援にかかっている。そこで囚人たちは他の囚人たちと社会的なつながりと協同的な連合を形成したりもするのである。実際には、彼らは小さな血縁集団を再創造し、彼らが家族の一員にしてきたようなやり方、つまり身びいき的行動にかかわる。その結果は高度に専制主義的で身びいき主義的な社会構造となって、それはアカゲザルの社会に似ていなくもない。この過程についての強力で劇的な記述が、ナチス強制収容所での生活を報告したプリーモ・レーヴィの『もしこれが人間なら：アウシュビッツでの生き残り』に見出すことが出来る。(17) この本の中で、レーヴィは収容者たちがナチスによって加えられた残酷さと苦痛について記述しているのみならず、収容者たちがどのようにお互いを取り扱ったのかという勇気ある正直な報告をおこなっている。レーヴィは一生涯、彼の見たことに悩まされ、結局は自殺したのであった。

世界中の軍隊組織内の社会生活もまた、厳しい専制主義と行動の身びいき的支配によって組織されているように思われる。投獄と同様に軍隊組織への加入は、それが志願であっても徴兵であっても、その人の文化的帰属性と過去に積み上げてきた文化的資産の喪失を招く。私が軍隊に召集されたとき、私の子ども時代のしつけ、教育、過去の功績、そして将来計画の何もかもがなにも意味をなさないことを、ただちに悟ったのであった。私は裸であり、傷つきやすいと感じた。私が高度に専制主義的で身びいき主義的な社会システムの中にいる自分を見出すのに長くはかからなかった。そして私はまさに私の周りに誰一人仲間も血縁者もいない階級の底辺にいたのである。突然に私は新しい群れに移入させられたばかりのアカゲザルに変身しているのであった。

世界中の、人間の歴史のいたるところで軍隊はとてもよく似た階層構造を持ってきたようだ。そしてその構造は兵士たちの間に良く似た社会関係を奨励してきたように思われる。すべての兵士たちが相互に平等な関係を持ち、あらゆる関係が状況に応じて他の兵士の影響を受けずに一対一の対応を基礎として話し合われているような、厳格な優劣階層のない軍隊というものを、私は聞いたことがない。その構造が最も機能しやすく、軍隊が達成する必要があるものを与えられるという理由で、どの軍隊も単純な構造をもっているということに、私は疑問を抱いている。軍隊の役割は他の軍隊と戦って、敵を殺すことである。軍隊は内部的に安定的で、結束していて、可能な限りよく協働された行動をとる必要がある。強力な階層的構造は軍隊にとても安定し、結束した社会構造を形成させ、敵との対決を含む指示命令過程を促進させる。兵士間の愛や思いやりのような積極的な感情の抑制あるいは最小化と、単純だけれども効果的な伝達システムもまた、安定と結束の維持を容易にする。結局のところ、軍隊内における社会的なご都合主義と身びいき主義は、考え方や行動の異なる外の集団に対抗して兵士たちを仲間内に引き入れることを促進するようであって、これらは彼らの戦いへの動機づけに欠くことの出来ないものなのである。内集団と外集団の違いについて関心がなく、誰に対しても同様の対応をする傾向を持つ兵士たちは、他者たちを殺す、あるいは戦闘で彼らの生命を危険に曝すという動機づけを持てないか、わずかしか持たない。しかし、自分自身と仲間の利害を防御することに高い動機づけがある兵士たちは、完璧な戦争マシンとなる。軍隊の社会構造は、軍隊が尽くすべき運命にある役割にうまく適合しており、それはちょうど鳥のくちばしの解剖学的構造と形状がその役割、たとえば硬い種子を割るためにぴったり適応しているのと同じようなものである。[18] アカゲザルの群れは同様の規則性によって構造化され、機能化されているように思われる。

人間とりわけ男性が、通常は彼らの行動に作用するすべての環境的、歴史的、文化的影響を抑制されたときに、彼ら自身を高度に専制主義的で身びいき主義的な社会に組織する生物学的性向を持つのではないかと私は思う。この傾向は私たちの進化史の結果であるに違いない。人々は、人間がその進化史の大部分を投獄された状態で過ごして来たために、拘置所や刑務所のような収容所の中でそのようなやり方をするわけではない。そうではなくて、人々がおそらく、軍隊のような社会構造で生活し、他の人間と戦ってきた長い進化の歴史を持つからなのである。

もちろん、最近の数千年以上にわたって、多くの人間が平和な生活様式の恩恵を理解するようになって来ており、あらゆる種類のお好みの文化的衣服を身にまとうように学んできた。他の多くの非血縁者たちや非友好的な人々のいる社会に完全に生活を順応させるために、人間は、家族だけではなくよそ者たちにも良く振る舞うような生物学的性向も発達させてきた。私たちは平等主義とそれを支える道徳的原理のために獲得した生物学的分別さえも発達させてきているようだ。しかしながら、これは、まさに人間の男性が自分の子どもたちに投資する生物学的性向のように、すべて私たちが脳に負わせる比較的新しい装備である。[19] 私たちの軍隊的な思考方法とそれに付随する専制主義的で身びいき主義的な傾向は、いまだに私たちの社会生活のさまざまな状況の全体に行き渡っていて、文化的衣服を脱ぎ捨てるときに、私たちはまっすぐそこへ戻るのである。おそらく私たちはひとつの種として暴力の歴史を持っており、それは始終戻ってきて私たちにつきまとうのである。専制主義と身びいき主義に対する私たちの心理的で社会的な性向は、アカゲザルと人間との祖先が普通に持っていたものが遥か時間を隔てて戻ってきたものであるに違いない。これは、すべてがどうして現在あるようになったのかについての仮説的なシナリオである。

アカゲザルと人間：成功物語

たとえば平均気温や供給される食物などの環境が変化するときにはいつでも、新たな環境に適応する遺伝子をもつ個体たちが、そういう遺伝子を持たないものたちよりもよく生き残って繁殖する。ある個体たちとその遺伝子が前進し、他の者たちは次に続く世代から取り残されるため、環境とそこに暮らす生物の間はつねによく適合している。言い換えれば、生物はそれぞれの現在の環境につねによく適応しているのである。

大半の生物種にとって、進化を促す主要な選択圧は、食物の供給や捕食者の危険性のように彼らの生存と繁殖の可能性を脅かすものである。異なった種は食糧確保や捕食者の問題を異なったやり方で回避するようにそれぞれに適応している。いくつかの種は何を食べるのか、それをどのように食べるのかという点で高度に特殊化し始めている。彼らは食物確保の生態的な位置においてとてもよく適応し始めている。それでももし環境が突然、劇的に変化すれば、これらの特別な場に特殊に適応した種たちはもはやうまく生き延びることはない。一方で他の種たちが生態学的に柔軟な何でも屋（ジェネラリスト）となる。彼らは、さまざまな気候条件下でたくさんの違った食物を食べ、生き延びて、うまく繁殖することが出来る。何度も激烈な変化を繰り返す環境にあって、これらの生物種はとてもうまく生きることが出来る。アカゲザルも人間も何でも屋的な道をとって、その選択はうまく機能した。捕食の問題については別の解決策もある。いくつかの種は捕食者を避けるために小さくなったり、単独生活者になったり、夜行性生物になったりしている。他のいくつかの種は逆にからだを大きくしたり、あるいは捕食者から身を守るために社会的集団を形成したりする。とても小さな、あるいは大きなからだのサイズはそれぞれ進化的に有利だったり、不利だったり、それぞれに良い点と悪い点がある。アカゲザルと人間は中ぐらいの大きさのからだと大きな集団での生活で手を打ったのだが、彼らの選択はそれぞれにとってうまく働いたのである。

ひとたび大きな集団での生活が展開すると、何か興味深いことが起こり始めたのであろう。個体間や集団間の協同と競争は、食物を見つけたり捕食者を避けたりする以上に生存や繁殖を決定する際にいっそう重要になってくる。社会的に成功している個体も集団も、社会的に不首尾な個体や集団より生き残ったり繁殖したりする機会をずっと多く持ち、次の世代に彼らの遺伝子の複製をより多く受け継ぐ。[20] これが起こったとき、社会環境は心理学的および行動特性の進化にとって主要な選択圧となった。たとえば、集団がだんだん大きくなり、いっそう集団内と集団間の両方で協同と競争の複合的なパターンの機会が生じたので、マキャベリ的な知性の増加に対して、おそらくは増加した知性一般に対しても、選択の圧力が強まったのである。

そうしてアカゲザルと人間が共通に持っているものは、その心理的、行動的傾向が、他の多くの霊長類を含むたくさんの動物種よりも広い範囲にわたる個人間、集団間の協同と競争に由来する選択圧によって形づくられてきたということである。いくつかの動物種の主要な自慢の種は、彼らがどのように食物をとり、どのように捕食者を避けるかということである。牝牛は一日中草を食むことが出来る四室からなる胃を持っている。鳥は空を飛べる。それに対比するようなアカゲザルと人間のもっとも考えられる適応は社会的で認知的なものである。私たちは社会的に利口である。私たちはマキャベリアンなのである。

集団間の争いはおそらくアカゲザルの進化史のいたるところで頻繁に激しくおこなわれてきた。同様のことは、おそらくヒト科と人類の歴史を通じて集団間の戦争についても真実であった。集団間のこの種の競争は同じ集団に属する個体間の協同の必要性を推し進める。協同と競争に対するこれらの圧力は専制主義と身びいき主義へ向かう社会的傾向のみならず、特定の興奮しやすい性格を結果としてもたらしたようだ。アカゲザルも人間も一般的には群居性で攻撃的で激しい気質を持っている。それは、彼らがお好みの相手と時間を過ごすのを好むにもかかわらず、それらの相手と争いもする、ということでも分かる。アカゲザルでは、母親たちはしょっちゅうその子どもたちと小競り合いをしており、兄弟姉妹はお互いに取っ組み合いの喧嘩をしている。さらに年長のメスたちは血縁のメス全部と喧嘩をし、大人のオスたちは誰彼かまわず喧嘩をしている。人間だって違っているわけではない。家族の身内間の口げんかは頻繁で、激しいものであり、殺人者の大半はお互いをよく見知った者たちである。私たちは他の人々を必要とするし、彼らを愛するのだが、私たちは彼らと戦うことをどうすることも出来ないのである。

アカゲザルと人間は目新しい物や脅しに対応するやり方においてもよく似ている。両方の種の個体は通常は彼らを取り巻くものについて好奇心が強い。そしてこの特徴は探索、移住、新たな食物を含めた新たな環境への適応といった傾向を促進させる。マカク属の他種を含めて他の種の霊長類は新奇な物によって簡単に追い払われてしまう。もし彼らを新しい環境におけば、彼らは固まってしまうか、探索することなく逃げ出すことだろう。(21)アカゲザルはよそ者にかかわり、避けたり逃げ出したりする代わりに、彼らの潜在的な脅しに対して攻撃的に反応するという傾向もまた持っている。たとえば、彼らの知らない人間が近づいてくると多くのサルや類人猿は逃げ出したり恐れの表出をしたりするのに、アカゲザルは逃げる代わりに自分を見ているよそ者に近づき、脅しをかけるのである。彼らは恐れの表情も見せるのだが、その恐れは、よそ者を調べたり、脅したりするのをやめさせるわけではない。そしてもっとも重要なことは、彼らの救援に他のアカゲザルを呼ぶためでもないのである。アカゲザルはつねに敵を対決に巻き込み、彼らに逃げ出すもっともな理由を与えなければ逃げたりはしないのである。結局、アカゲザルは、愛や憐憫のような前向きの情動や感情に、あるいは社会を効果的に機能させる複雑な伝達形態に彼らのエネルギーを使っているようには見えない。これらの気まぐれな特性と社会的な気質はおそらくアカゲザルの生態学的で社会的な成功に重要な役割を果たしているのである。人間はこれらの特性を部分的に共有していて、それらが、開拓者としての、さらにこの地球の征服者としての私たちの成功の理由のひとつであるようだ。これらの気まぐれな気質は雑草的な種の特徴であって、アカゲザルや人間のような雑草的生物の場合には、これらの気質は身びいき主義や専制主義も含めたパッケージとしてあらわれるのである。

そこで、人間がむしろ男性中心的で男性優位な種になっている間にアカゲザルはメスの結合とメスの優位性という経路を通っていたとしても、これら二つの種の進化的な旅路は意外にもよく似ていて、たくさんの同じ目的地に到達しているのである。アカゲザルも人間も双方とも、好奇心旺盛で群居して攻撃的な性向をもつ中型で平均的相貌のサルの成功物語を示している。どちらの種も採食や闘争のためのいかなる気まぐれな特殊化もしてはいない。両者は新奇な環境や状況に対して高度に適応的であり、双方とも社会生活や社会的知性において特殊化している。他の多くの動物種と同様に、安全性と競争能力を増すためにアカゲザルも人間も大きな社会集団をもつ生活を選んだ。しかし、高度な専制主義的で身びいき主義的な社会組織を選んだことによって、彼らはそれぞれの集団をマキャベリアン的な脳を作り出すためのエンジンであるとともに効果的な戦争マシンへと変化させた。ひとたびマキャベリアン的な人間の脳の産物が作動すると、頭脳の大きさや複雑さは急激に増加し続けた。そして私たちは、もっとも野心的なアカゲザルの旅行者でさえ到達できないような認知的な目的地への進化の旅路を続けてきたのである。私たちの大きな脳とともにたくさんの新しい知性的な技能がもたらされた。そしていまや私たちを他の動物たちから離れた存在としたのである。しかし、それはあとで——ずっと後で生じたことである。

アカゲザルは人間の本性の悪い側面をさまざまな方法で具体化している。しかし私はヒト科そして私たちを進化させてきた初期人類がけっして「立派な」動物ではなかったのではないかと考えている。私たちの進化史の大半において私たちはおそらくアカゲザルのようなことをたくさんしてきたに違いないし、さらにいまもまだ、私たちの日常生活においてそうしている。私たちの認知的、社会的な進化の旅路がどのようにそしてなぜ始まったのかということを、アカゲザルは私たちに教えてくれている。私たちの暴力の歴史と私たちのマキャベリアン的な知性は必ずしも誇りに思うものではないが、それらは私たちの成功の秘密ではあるようだ。もしもそれらが私たちの大きな脳の進化を押し進めてきたのであれば、それらは私たちに他の多くの美しいことをも可能にするだろう。そこには高貴で有益な精神的、知的な活動、さらには私たちの愛と他者に対する憐憫に関わる能力が含まれているのだ。

18. Weiner 1995を参照のこと。
19. 人間はおそらく現代の狩猟採集民と類似した社会状態での生活をすることで初期の進化史の重要な一部分を使ったのだろうけれども、私がここで主張することは、人間の本性の重要で多様な様態——私たちの心理学的で行動学的な傾向——がずっと古い過去の進化史を背負っており、その本性は私たちが旧世界ザルや類人猿たちと共有する祖先にまで遡るかもしれないということである。しかしながら、アカゲザルと人間の間の多くの類似性は、よく似た環境への適応や両者がどちらも共通の祖先よりもむしろ雑草的種であるという事実を反映しているのかもしれない。この可能性は次の節で議論されている。
20. Alexander 1974による。
21. Clarke and Boinski 1995を参照のこと。

18. Vahed 1998による。
19. Whitham et al. 2007による。
20. Maestripieri 1995による。
21. Dumber 1998による。
22. Maestripieri 2005bによる。

IX

1. Harcourt and Stewart 2007による。
2. 霊長類学的展望から見たキングコングの行動についての議論に関しては、Maestripieri 2005cを参照のこと。
3. Jerison 1973による。
4. Humphrey 1976 ; Byrne and Whiten 1988による。
5. Sawaguchi 1992 ; Dumber 1993による。
6. Wrangham 1979 ; Lindenfors 2004を参照のこと。
7. Altmann 1990 ; van Schaik 1989を参照のこと。
8. Lindenfors 2005による。
9. Rodseth et al. 1991による。
10. Wrangham 1979 ; van Shaik 1989による。
11. たとえば、Packer 1977を参照のこと。
12. 動物、とくに人間以外の霊長類の身びいき主義対個人主義、専制主義対平等主義のそれぞれの社会の議論については、Vehrencamp 1983とvan Schaik 1989を参照のこと。
13. 人間社会における身びいき主義対個人主義、専制主義対平等主義の議論については、Knauft 1991とBoehm 1999を参照のこと。
14. Knauft 1991 ; Boehm 1999による。
15. Durkheim 1895/1962 ; Geertz 1973による。
16. たとえば、Tooby and Cosmides 1992による。
17. プリーモ・レーヴィ（Promo Levi 1919-1987）は1947年に『もしもこれが人間なら』（Se Questo e' un Uomo）を著した。ペーパーバック版での英訳についてはLevi 1979を参照のこと。

22. Brain 1992による。
23. Maestripieri 1994による。
24. Whitham et al. 2007による。

Ⅷ

1. 表出すなわち「表象的な伝達」は異なった人々に対しては異なったことを意味する。ある研究者たちは、他の個体あるいは外的な環境にある物を指し示す信号だけを、表象的と定義づけている（たとえば Cheney and Sayfarth 1990）。他の研究者たちによれば、発信者の情動、動機づけ、あるいは将来の行動についての情報を伝える信号もまた、表象的として翻訳可能であるとされる（たとえば Owren et al. 2003）。私は後者を言語の使用と考えている。
2. たとえば、Fernald 1992を参照のこと。
3. Owren et al. 2003による。
4. たとえば、Burling 1993を参照のこと。
5. たとえば、Cheney and Sayfarth 1990を参照のこと。
6. Savage—Rumbaugh and Levin 1994による。
7. Heyes 1998 ; Tomasello et al. 2005 ; Cheney and Sayfarth 2007による。
8. ブラバーとミスター・Tは1990年代半ばにヤーキス国立霊長類研究センターにいたブタオザルの群れの2頭のオスの名前である。ブタオザルのオス間の社会的交渉はアカゲザルのそれととてもよく似ている。
9. Maestripieri and Wallen 1997による。
10. Maestripieri 2005bによる。
11. たとえば、Aureli and van Schaik 1991を参照のこと。
12. この解釈についての批判は、Maestripieri 1996を参照のこと。
13. Maestripieri 1996, 1999による。
14. Toasello and Call 1997による。
15. Maestripieri 1999による。
16. Van Hooff 1972による。
17. たとえば、Fromhage and Schneider 2005を参照のこと。

VII

1. Parker 1996による。
2. Maestripieri 2005aによる。
3. Trivers 1972による。
4. たとえば、Maestripieri and Pelka 2002を参照のこと。
5. Leveroni and Berenbaum 1988による。
6. Hassett et al. 2004による。ベルベットモンキーの類似の研究についてはAlexander and Hines 2002をも参照のこと。
7. 赤ん坊を取り扱うことが若いメスを手助けするということの最善の証拠は、彼女らがよい母親になるということであり、それらはベルベットモンキーの研究（Fairbanks 1990）で明らかになっている。
8. Schino and Troisi 2004を参照のこと。
9. たとえば、Warren and Brook-Gunn 1989を参照のこと。
10. たとえば、Maestripieri 1991を参照のこと。
11. Maestripieri 2001bによる。
12. クレバー・ハンスは、見かけ上は計算問題が出来るように思われた馬であった。実際には、彼が訊ねられた質問に答えた正解は彼のトレーナーの顔やからだにあらわれた無意識な合図に導かれたものであった（Pfungst 1911）。
13. Maestripieri 2001bによる。
14. たとえば、Ordog et al. 1998を参照のこと。
15. Simpson et al. 1981による。
16. Maestripieri 2002による。
17. Trivers 1974による。
18. Soltis 2004 ; Maestripieri and Durante 2004を参照のこと。
19. 物乞いが増加することは捕食者に対するリスクを増加させるということの証拠についてはHaskell 1944を参照のこと。
20. Berman et al. 1994による。
21. Maestripieri 2004による。

いる。これは彼らが何らかの方法で他の子どもたちと自分自身の子どもたちを区別していることを示唆している（Buchan et al. 2003）。

9. もちろんこれはきわめて仮説的で文脈を無視した状況において間違いがないということで、現実の生活では決して起こらないことである。

10. Darwin 1872による。

11. ここで生起した交尾システムはレック（鳥類の一部で見られる集団求愛を指す：訳者注）と呼ばれている。

12. Berard 1990 ; Widdig et al. 2003を参照のこと。

13. Berard et al. 1994を参照のこと。

14. Bercovitch 1997による。

15. Berard et al. 1994も参照のこと。

16. Gordon et al. 1976による。

17. Zehr et al. 1998による。

18. Berard 1990 ; Manson 1995を参照のこと。

19. しかし、メスのアカゲザルはしばしば彼女らのオスの血縁者との交尾を回避するように見える（Manson and Perry 1993）。

20. Alatalo and Patti 1995を参照のこと。

21. Gangestad and Thornhill 1997 ; Roney et al. 2006を参照のこと。

22. メスからの誘いかけによる性行動が排卵前後に生起することの証拠についてはAdams et al. 1978を参照のこと。

23. van Schaik and Janson 2000を参照のこと。

24. メスが子殺しを防御してくれそうなオスに惹きつけられるという最良の証拠は、アカゲザル以外の霊長類から得られている（Schaik and Janson 2000 を参照のこと）。オスによる子殺しはアカゲザルではあまり報告されていない（しかしCamperio and Ciani 1984を参照のこと）。

25. vom Saal 1985による。

26. しかし、Soltis and McElreath 2001を参照のこと。

27. この研究はアカゲザルではなくて、ブタオザルのものである。Gust et al. 1996を参照のこと。

28. Birkhead and Parker 1997を参照のこと。

ホンザル（Aureli 1992）のような近縁のマカク属の種には存在するが、アカゲザルでは見られない。

13. この信号は大半が、恐怖のしかめっ面、あるいは歯をむき出した表出で、第Ⅷ章に記載されている（Maestripieri 1996 を参照のこと）。
14. 地位を獲得するための攻撃的援助の役割についての実験的な証拠に関しては、Chapais 1988 を参照のこと。
15. たとえば、Schulman and Chapais 1980 を参照のこと。
16. Sapolsky 2005 を参照のこと。

Ⅴ

1. たとえば、Brewer 1999 を参照のこと。
2. ニューギニア高地人と他の人間との最初の出会いについてのその他の情報については、Connolly and Anderson 1987 を参照のこと。
3. Gallup 1998 を参照のこと。
4. このパターンはカヨ・サンチャゴで観察された（Chepko-Sade and Sade 1979）が、おそらく野生状態でも同様であろう（Melnick and Kidd 1988）。
5. Ehardt and Bernstein 1986 and Gygax et al. 1997 を参照のこと。

Ⅵ

1. Beach 1947 ; Wallen 1995 による。
2. Wallen 1990 による。
3. Zukerman 1932 による。
4. たとえば、Michael and Welegalla 1968 を参照のこと。
5. Michael et al.1971 による ; これに対する批判については Goldfoot 1981 を参照のこと。
6. Carpenter 1972 による。
7. Gordon 1981 ; Wallen 1982 による。
8. しかし私たちの研究は、大人のオスのヒヒが他の個体との抗争的ないさかいにおいて、彼らの若い子どもたちに味方して干渉することを示してい動物においても広く存在している。

15. Berman 2004を参照のこと。

16. 自己複製的表現型（腋の下効果；Dawkins 1982）とその他の血縁認識機構に関する議論は、Sherman et al. 1997を参照のこと。

17. Widdig et al. 2001, 2006による。

Ⅳ

1. コンラート・ローレンツ（1903-1989）は、オランダ人の研究仲間であるニコ・ティンバーゲン（ローレンツ、カール・フォン・フリッシュとともに1993年度のノーベル賞の共同受賞者）とともに、行動の生物学的基礎を研究する科学的分野としての行動学（エソロジー）の創始者の一人として知られている。攻撃的行動に関する彼の理論は原題「いわゆる悪」（*Das sogenannte Böse*：英語では*The So-Called Evil*）というタイトルで1963年にドイツ語で出版され、後に英語に翻訳されて*On Aggression*という表題で出版された（ちなみに日本語版は『攻撃――悪の自然史――』とされた：訳者注）。

2. Frank et al.を参照のこと。

3. 人類の社会進化にとって発射体の武器の発明が持つ重要な意味はBingham 1999で議論されている。

4. Golding 1954による。

5. Hinde 1976による。

6. Chance 1967による。

7. しかしながら、いくつかの事例では、劣位者が群れの優位者の不在を利用することがある（たとえば、Drea and Wallen 1999）。

8. Morris 1996による。

9. Gouzoules et al. 1984を参照のこと。

10. たとえば、Morgan 1978を参照のこと。

11. アカゲザルの大人オスによる攻撃的介入の仕方についての大半の記述はカヨ・サンチャゴで記載された未発表資料を基礎にしている。

12. 攻撃者と血縁関係にあるだれか一頭に対する攻撃のための報復は、ニ

5. 霊長類の拡散と彼らの社会構造への影響についての議論は、Isbell 2004を参照のこと。
6. Wrangham 1979による。
7. Rodseth et al. 1991参照のこと。
8. Rodseth et al. 1991による。
9. ユージン・マレイス（1872–1936）は南アフリカのジャーナリスト、法律家、詩人、そして自然科学者であったが、1905年から1910年にかけての3年間、北部トランスヴァール地方でチャクマヒヒ（バブーン）の群れの行動を観察した。原文の引用は、1939年、彼の死の3年後に英語に初訳された彼の著書である「わが友、バブーン」からのものである（Marais 1939）。
10. Thierry 2000を参照のこと。霊長類研究者たちは、彼らが争った後の10分以内に2個体間で起こった協力的な相互交渉（たとえば毛づくろいなど）を和解（仲直り）と定義している。和解が生じたことを明示するために、彼ら研究者は、争いの後の10分間に生じた協力的な行為の生起頻度を争いの次の日の同じ時間帯の10分間に生起した同様の行為の頻度と比較するのである。
11. コルカタ（カルカッタ）のマザー・テレサ（1910–1997）はアルバニア・ローマ教会の修道女で、彼女の人生の大半を貧者に対する身体的あるいは精神的な支えに捧げた人であった。彼女は1979年にノーベル平和賞を受賞し、2003年にローマ法王ヨハネ・パウロ2世によって列福（福者として）された。マザー・テレサの利他主義の動機を懐疑的な視点で見た著作にHitchens 1997がある。
12. コンピュータ・ソフトウェアの発達と自然選択との間で私が類推することは、自然選択が意図的な行為者によって導かれていることを意味しているというふうに解釈することではない。自然選択は意図的であろうとなかろうとなんらの行為者によっても左右されることのない無目的な過程なのである。
13. Wasser 1983 : Maestripieri 2001aを参照のこと。
14. 身びいき的な行動は社会性昆虫のような限られた認知能力しか持たな

13. ハートマンは実験室でアカゲザルの繁殖について研究した（たとえばHartman 1931など）。カヨ・サンチャゴでの繁殖についての彼の見解はRawlins and Kessler（1986b, 15章）で繰り返されている。
14. このような社会的剥奪実験はハリー・ハーローと彼の学生たちによって、ウィスコンシン大学で何度も実施された。ハーローと学生たちは、他のサルとの身体的接触が彼らの健全な生活と正常な発達にとって重要であることについても証明した。

Ⅲ

1. ウィリアム・D・ハミルトン（1936–2000）は1960年代半ばに、彼の博士請求論文をもとにした2冊の重要な論文を出版した（Hamilton 1964a, 1964b）。その論文で彼は、もしも利他主義者が必要とする負担が、行為者と受容者間の遺伝的な関係性（関係の係数）に相当する比によって減少した受益者の利益よりも小さければ、利他的な行動を支配する遺伝子が個体群を通して拡散する可能性についての数理モデルを示した。ハミルトンの論文は行動生物学と私たちの利他主義の進化に関する理解に強い影響を与えているが、それらが最初に発表されてその後10年間にわたって無視されていた間は、十分には理解されていなかった。
2. ジークムント・フロイト（1856–1939）は1905年に最初に出版した一連の論文で、幼少期における性的誘引仮説を提出した（これまで英訳されたペーパーバック版については、Freud 2000を参照のこと）。
3. エドヴァルド・ウェスターマルク（1856–1939）はフィンランド人の社会学者であるが、彼は、一緒に成長した子どもたちがその後の生活で、ほとんどあるいはまったく互いに性的魅力を感じないことを見出して注意を促した（Westermarck 1921）。ウェスターマルク効果のもっともよく知られた証拠のひとつはイスラエルのキブツ社会のシステムに関連するものであって、そこでは、両親からはなされて共通の子どもたちの家で養育された子供たちが、成長ののちに、彼らと同じ集団の仲間たちに対して、少々あるいはまったく性的な関心を持たないのである。
4. Colvin 1986を参照のこと。

カク属の種の分類に関して存在している。

4. www.LanguageMonitor.com.を参照のこと。
5. *Parade Magagine* 2005年8月21日号による。
6. アカゲザルの進化史、生態および行動についての広範な情報は3冊の編著（Lindburg 1980 ; Fa and Lindburg 1996 ; Thierry et al. 2004）といくつかの論文（たとえば、Fa 1989 ; Abegg and Thierry 2002 など）で知ることができる。
7. バーバリ・エイプ（*Macaca sylvanus*）は単独でマカク属の1グループとされている。その他の種は3つの集団に分けられていて以下のとおりである。シレヌスグループ（*Macaca brunnescens, M. hecki, M. maurus, M. nemestrina, M. nigra, M. nigrescens, M. ochreata, M. silenus, and M. tonkeana*）、ラディアータ・グループ（*M. arctoides, M. assamensis, M. radiata, M. sinica, and M. thibetana*）、そしてファシクラリス・グループ（*M. cyclopis, M. fasciclaris, M. fuscaca, and M. mulatta*）である（Delson 1980を参照のこと）。
8. 他の研究者たちは、アカゲザルが人間に次いで2番目に広い地理的分布をしている霊長類であるというサウスウィックと彼の同僚たちによる主張に反対している（Alexander Harcourt 博士の私信, 2005 による）。
9. 雑草的なマカク属のサルたちとそうでない種との相違は Richard et al.（1989）によって最初に指摘された。
10. アカゲザルとその近縁種であるカニクイザルは、しばしばこのようなパーティーで利益を得ることがある。タイにおけるカニクイザルのための祝宴の一つが写真1で示されている。
11. カヨ・サンチャゴ島とそこに住むアカゲザルの個体数に関する詳細情報はロウリンズらの編著（Rawlins and Kessler 1986a）で提供されている。カーペンター博士がどのようにしてこのコロニーを立ち上げたかについての詳細な記述についてはRawlins and Kessler 1986bの著作の1章を割いている。
12. 1925年にロンドン動物園で建設されたマントヒヒ・コロニーの物語はザッカーマン（Zuckerman 1932）が記している。

〔注〕

I

1. ニッコロ・マキャベリ（1469−1525）は1513年12月10日付けの手紙で彼の書物の全体像を初めて公表した。マキャベリはもともと彼の書物にラテン語の書名 “*De Principatibus*” をつけていたが、それは数年後にイタリア語のタイトル “*Il Principe*”『君主論』という書名で出版された。英語訳はペーパーバック版（Machiavelli, 1984）で手に入れることが出来る。マキャベリはこの本をロレンツォ・デ・メディチ2世に捧げたが、彼はその本ををそれほど好まなかった。マキャベリによって言及された君主とはチェーザレ・ボルジア（1475−1507）で、彼は巧妙で冷酷な政治家であり、32歳で死ぬまでにイタリア中部のウルバノ市と他の領地を征服した軍人であった。
2. この見解はチャールズ・ダーウィンによって1838年に彼のノートブックM（道徳についての形而上学と表現に関する思索）に記載された（Barrett et al.,1987）。

II

1. 道具使用は南米の*Cebus*属（オマキザル属）に属しているサル類であるオマキザル類を除くサル類一般よりもチンパンジーと他の大型類人猿でよりよく知られている。彼らは石ころや棒その他の道具を、食物を手に入れたり加工するために使用する。ヒトを除く霊長類の道具使用の分布と進化に関する情報については、van Shaik et al.,1999を参照のこと。
2. デービッド・アッテンボロー卿（1926−）はBBCの自然記録作品の制作者としてよく知られている。これらの作品で、彼は野外で動物行動の珍しい複雑な様子を描いている、と同時に、動物たちは彼の背後でなぞの行動をとっている。
3. 遺伝的資料を基礎としたマカク属の最近の再分類では、解剖学的・形態学的特徴を基礎としてフーデン（Fooden, 1980）によって提案された初期の分類を大筋で承認している。それでもいくつかの異論が2、3のマ

2001. Paternal relatedness and age proximity regulate social relationships among adult female rhesus macaques. *Proceedings of the National Academy of Sciences USA* 98: 13769–73.

Widdig, A., W. J. Streich, P. Nurnberg, P. J. P. Croucher, F. B. Bercovitch, and M. Krawczak. 2006. Paternal kin bias in the agonistic interventions of adult female rhesus macaques (*Macaca mulatta*). *Behavioral Ecology and Sociobiology* 61: 205–14.

Wrangham, R. W. 1979. On the evolution of ape social systems. *Social Science Information* 18: 334–68.

Zehr, J. L., D. Maestripieri, and K. Wallen. 1998. Estrogen increases female sexual initiation independent of male responsiveness in rhesus monkeys. *Hormones and Behavior* 33: 95–103.

Zuckerman, S. 1932. *The Social Life of Monkeys and Apes*. London: Kegan Paul.

egalitarian societies. *Animal Behaviour* 31: 667–82.

vom Saal, F. S. 1985. Time-contingent change in infanticide and parental behavior induced by ejaculation in male mice. *Physiology and Behavior* 34: 7–15.

Wallen, K. 1982. Influence of female hormonal state on rhesus sexual behavior varies with space for social interaction. *Science* 217: 375–77.

———. 1990. Desire and ability: Hormones and the regulation of female sexual behavior. *Neuroscience and Biobehavioral Reviews* 14: 233–41.

———. 1995. The evolution of female sexual desire. In *Sexual Nature, Sexual Culture*, ed. P. Abramson and S. Pinkerton, 57–79. Chicago: University of Chicago Press.

Warren, M. P., and J. Brooks-Gunn. 1989. Delayed menarche in athletes: The role of low energy intake and eating disorders and their relation to bone density. In *Hormones and Sport*, ed. Z. Laron and A. D. Rogol, 41–54. Serono Symposia Publications, vol. 55. New York: Raven Press.

Wasser, S. K. 1983. Reproductive competition and cooperation among female yellow baboons. In *Social Behavior of Female Vertebrates*, ed. S. K. Wasser, 349–90. New York: Academic Press.

Weiner, J. 1995. *The Beak of the Finch*. New York: Vintage.（『フィンチの嘴―ガラパゴスで起きている種の変貌』樋口広芳，黒沢令子訳，早川書房，1995）

Westermarck, E. A. 1921. *The History of Human Marriage*. London: Macmillan.（『人間結婚史』島村民蔵訳，天佑社，1921）

Whitham, J. C., M. S. Gerald, and D. Maestripieri. 2007. Intended receivers and functional significance of grunt and girney vocalizations in freeranging female rhesus macaques. *Ethology*, in press.

Widdig, A., F. B. Bercovitch, W. J. Streich, U. Sauermann, P. Nurnberg, and M. Krawczak. 2003. A longitudinal analysis of reproductive skew in male rhesus macaques. *Proceedings of the Royal Society of London* B 271: 819–26.

Widdig, A., P. Nurnberg, M. Krawczak, W. J. Streich, and F. B. Bercovitch.

Thierry, B., M. Singh, and W. Kaumanns, eds. 2004. Macaque Societies: A Model for the Study of Social Organization. Cambridge: Cambridge University Press.

Tomasello, M., and J. Call. 1997. Primate Cognition. Oxford: Oxford University Press.

Tomasello, M., M. Carpenter, J. Call, T. Behne, and H. Moll. 2005. Understanding and sharing intentions: The origins of cultural cognition. Behavioral and Brain Sciences 28: 675–91.

Tooby, J., and L. Cosmides. 1992. The psychological foundations of culture. In The Adapted Mind: Evolutionary Psychology and the Generation of Culture, ed. J. H. Barkow, L. Cosmides, and J. Tooby, 19–136. Oxford: Oxford University Press.

Trivers, R. L. 1972. Parental investment and sexual selection. In Sexual Selection and the Descent of Man, ed. B. Campbell, 136–79. Chicago: Aldine.

———. 1974. Parent-offspring conflict. American Zoologist 14: 249–64.

Vahed, K. 1998. The function of nuptial feeding in insects: A review of empirical studies. Biological Reviews 73: 43–78.

van Hooff, J. A. R. A. M. 1972. A comparative approach to the phylogeny of laughter and smiling. In Non-Verbal Communication, ed. R. A. Hinde, 209–41. Cambridge: Cambridge University Press.

van Schaik, C. P. 1989. The ecology of female social relationships amongst female primates. In *Comparative Socioecology: The Behavioural Ecology of Humans and Other Mammals*, ed. V. Standen and R. Foley, 195–218. Oxford: Blackwell.

van Schaik, C. P., R. O. Deaner, and M. Y. Merrill. 1999. The conditions for tool use in primates: Implications for the evolution of material culture. *Journal of Human Evolution* 36: 719–41.

van Schaik, C. P., and C. H. Janson, eds. 2000. *Infanticide by Males and Its Implications*. Cambridge: Cambridge University Press.

Vehrencamp, S. L. 1983. A model for the evolution of despotic versus men's faces: Women's mate attractiveness judgments track men' s testosterone and interest in infants. *Proceedings of the Royal Society of London* B 273: 2169–75.

Sapolsky, R. M. 2005. The influence of social hierarchy on primate health. *Science* 308: 648–52.

Savage-Rumbaugh, E. S., and R. Lewin. 1994. *Kanzi: The Ape at the Brink of the Human Mind*. New York: Wiley.（『人と話すサル「カンジ」』石館康平訳，講談社，1997）

Sawaguchi, T. 1992. The size of the neocortex in relation to ecology and social structure in monkeys and apes. *Folia Primatologica* 58: 131–45.

Schino, G., and A. Troisi. 2004. Neonatal abandonment in Japanese macaques. *American Journal of Physical Anthropology* 126: 447–52.

Schulman, S. R., and B. Chapais. 1980. Reproductive value and rank relations among macaque sisters. American Naturalist 115: 580–93.

Sherman, P. W., H. K. Reeve, and D. W. Pfennig. 1997. Recognition systems. In Behavioural Ecology: An Evolutionary Approach, 4th ed., ed. J. R. Krebs and N. B. Davies, 69–96. Oxford: Blackwell Scientific.

Simpson, M. J. A., A. E. Simpson, J. Hooley, and M. Zunz. 1981. Infant-related influences on birth intervals in rhesus monkeys. Nature 290: 49–51.

Soltis, J. 2004. The signal functions of early infant crying. Behavioral and Brain Sciences 27: 433–59.

Soltis, J., and R. McElreath. 2001. Can females gain extra paternal investment by mating with multiple males? A game theoretic approach. American Naturalist 158: 519–29.

Southwick, C. H., Y. Zhang, H. Jiang, Z. Liu, and W. Qu. 1996. Population ecology of rhesus macaques in tropical and temperate habitats in China. In Evolution and Ecology of Macaque Societies, ed. J. E. Fa and D. G. Lindburg, 95–105. Cambridge: Cambridge University Press.

Thierry, B. 2000. Covariation of conflict management patterns across macaque species. In Natural Conflict Resolution, ed. F. Aureli and F. B. M de Waal, 106–28. Berkeley: University of California Press.

behaviour of the female rhesus monkey (*Macaca mulatta*) under laboratory conditions. *Journal of Endocrinology* 41: 407–20.

Morgan, C. J. 1978. Bystander intervention: Experimental test of a formal model. *Journal of Personality and Social Psychology* 36: 43–55.

Morris, R. 1996. *Partners in Power: The Clintons and Their America*. New York: Henry Holt.

Ordog, T., M. D. Chen, K. T. O' Byrne, J. R. Goldsmith, M. A. Connaughton, J. Hotchkiss, and E. Knobil. 1998. On the mechanism of lactational anovulation in the rhesus monkey. *American Journal of Physiology—Endocrinology and Metabolism* 274: E665–76.

Owren, M. J., D. Rendall, and J. Bachorowski. 2003. Nonlinguistic vocal communication. In *Primate Psychology*, ed. D. Maestripieri, 359–94. Cambridge, MA: Harvard University Press.

Packer, C. 1977. Reciprocal altruism in *Papio anubis*. *Nature* 265: 441–43.

Parker, R. 1996. *Mother Love—Mother Hate: The Power of Maternal Ambivalence*. New York: Basic Books.

Pfungst, O. 1911. *Clever Hans (The Horse of Mr. Von Osten): A Contribution to Experimental Animal and Human Psychology*. New York: Henry Holt.（『ウマはなぜ「計算」できたのか―「りこうなハンス効果」の発見』秦和子訳，現代人文社，2007）

Rawlins, R. G., and M. J. Kessler, eds. 1986a. *The Cayo Santiago Macaques: History, Behavior, and Biology*. Albany: SUNY Press.

———. 1986b. The history of the Cayo Santiago colony. In *The Cayo Santiago Macaques: History, Behavior, and Biology*, ed. R. G. Rawlins and M. J. Kessler, 13–45. Albany: SUNY Press.

Richard, A. F., S. J. Goldstein, and R. E. Dewar. 1989. Weed macaques: The evolutionary implications of macaque feeding ecology. *International Journal of Primatology* 10: 569–94.

Rodseth, L., R. W. Wrangham, A. M. Harrigan, and B. B. Smuts. 1991. The human community as a primate society. *Current Anthropology* 32: 221–41.

Roney, J. R., K. N. Hanson, K. M. Durante, and D. Maestripieri. 2006. Reading

——— . 2002. Parent-offspring conflict in primates. *International Journal of Primatology* 23: 923–51.

——— . 2004. Genetic aspects of mother-offspring conflict in rhesus macaques. *Behavioral Ecology and Sociobiology* 55: 381–87.

——— . 2005a. Early experience affects the intergenerational transmission of infant abuse in rhesus monkeys. *Proceedings of the National Academy of Sciences USA* 102: 9726–29.

——— . 2005b. Gestural communication in three species of macaques (*Macaca mulatta, M. nemestrina, M. arctoides*): Use of signals in relation to dominance and social context. *Gesture* 5: 57–73.

——— . 2005c. Improbable antics: Notes from a gorilla guru. In *King Kong Is Back!* ed. D. Brin, 85–91. Dallas, TX: BenBella Books.

Maestripieri, D., and K. M. Durante. 2004. Infant colic: Re-evaluating the adaptive hypotheses. *Behavioral and Brain Sciences* 27: 468–69.

Maestripieri, D., and S. Pelka. 2002. Sex differences in interest in infants across the lifespan: A biological adaptation for parenting? *Human Nature* 13: 327–44.

Maestripieri, D., and K. Wallen. 1997. Affiliative and submissive communication in rhesus macaques. *Primates* 38: 127–38.

Manson, J. H. 1995. Do female rhesus macaques choose novel males? *American Journal of Primatology* 37: 285–96.

Manson, J. H., and S. Perry. 1993. Inbreeding avoidance in rhesus macaques: Whose choice? *American Journal of Physical Anthropology* 90: 335–44.

Marais, E. N. 1939. *My Friends the Baboons*. New York: Robert M McBride & Co.

Melnick, D. J., and K. K. Kidd. 1983. The genetic consequences of social group fission in a wild population of rhesus monkeys (*Macaca mulatta*). *Behavioral Ecology and Sociobiology* 12: 229–36.

Michael, R. P., E. B. Keverne, and R. W. Bonsall. 1971. Pheromones: Isolation of male sex attractants from a female primate. *Science* 172: 964–66.

Michael, R. P., and J. Welegalla. 1968. Ovarian hormones and the sexual

Leveroni, C., and S. A. Berenbaum. 1998. Early androgen effects on interest in infants: Evidence from children with congenital adrenal hyperplasia. *Developmental Neuropsychology* 14: 321–40.

Levi, P. 1979. *If This Is a Man*. New York: Penguin Books.

Lindburg, D. G., ed. 1980. *The Macaques: Studies in Ecology, Behavior, and Evolution*. New York: Van Nostrand Reinhold.

Lindenfors, P. 2004. Females drive primate social evolution. *Proceedings of the Royal Society of London* B 271: S101–3.

———. 2005. Neocortex evolution in primates: The "social brain" is for females. *Biology Letters* 1: 407–10.

Lorenz, K. 1966. *On Aggression*. New York: Harcourt Brace Jovanovich.（『攻撃—悪の自然誌』日高敏隆，久保和彦訳，みすず書房，1985）

Machiavelli, N. 1984. *The Prince*. New York: Bantam Books.（『君主論』河島英昭訳，岩波書店，1998）

Maestripieri, D. 1991. Litter gender composition, food availability, and maternal defense of the young in house mice (*Mus domesticus*). *Behaviour* 116: 139–51.

———. 1994. Costs and benefits of maternal aggression in lactating female rhesus macaques. *Primates* 35: 443–53.

———. 1995. First steps in the macaque world: Do rhesus mothers encourage their infants' independent locomotion? *Animal Behaviour* 49: 1541–49.

———. 1996. Primate cognition and the bared-teeth display: A reevaluation of the concept of formal dominance. *Journal of Comparative Psychology* 110: 402–5.

———. 1999. Formal dominance: The emperor's new clothes? *Journal of Comparative Psychology* 113: 96–98.

———. 2001a. Intraspecific variability in parenting style: The role of the social environment. *Ethology* 107: 237–48.

———. 2001b. Is there mother-infant bonding in primates? *Developmental Review* 21: 93–120.

of Theoretical Biology 7: 1–16.

———— . 1964b. The genetical evolution of social behaviour. II. *Journal of Theoretical Biology* 7: 17–52.

Harcourt, A. H., and K. J. Stewart. 2007. *Gorilla Society: Conflict, Compromise, and Cooperation between the Sexes*. Chicago: University of Chicago Press.

Hartman, G. 1931. The breeding season in monkeys, with special reference to *Pithecus (Macaca) rhesus*. *Journal of Mammalogy* 12: 129–42.

Haskell, D. G. 1994. Experimental evidence that nestling begging behavior incurs a cost due to nest predation. *Proceedings of the Royal Society of London B* 257: 161–64.

Hassett, J. M., E. R. Siebert, and K. Wallen. 2004. Sexually differentiated toy preferences in rhesus monkeys. *Hormones and Behavior* 46: 91.

Heyes, C. M. 1998. Theory of mind in nonhuman primates. *Behavioral and Brain Sciences* 21: 101–48.

Hinde, R. A. 1976. Interactions, relationships, and social structure. *Man* 11: 1–17.

Hitchens, C. 1997. *The Missionary Position: Mother Teresa in Theory and Practice*. New York: Verso Publishing.

Hoglund, J., and R. V. Alatalo. 1995. *Leks*. Princeton, NJ: Princeton University Press.

Humphrey, N. 1976. The social function of intellect. In *Growing Points in Ethology*, ed. P. P. G. Bateson and R. A. Hinde, 303–17. Cambridge: Cambridge University Press.

Isbell, L. A. 2004. Is there no place like home? Ecological bases of dispersal in primates and their consequences for the formation of kin groups. In *Kinship and Behavior in Primates*, ed. B. Chapais and C. M. Berman, 71–108. Oxford: Oxford University Press.

Jerison, H. J. 1973. *Evolution of the Brain and Intelligence*. New York: Academic Press.

Knauft, B. 1991. Violence and sociality in human evolution. *Current Anthropology* 32: 391–428.

Books.（『フロイト全集第6巻1901-06年―症例「ドーラ」・性理論三篇』渡邉俊之監修，岩波書店，2009，所収，「性理論のための三篇」渡邉俊之訳）

Fromhage, L., and J. M. Schneider. 2005. Safer sex with feeding females: Sexual conflict in a cannibalistic spider. *Behavioral Ecology* 16: 377–82.

Gallup, G. G. Jr. 1998. Self-awareness and the evolution of social intelligence. *Behavioural Processes* 42: 239–47.

Gangestad, S. W., and R. Thornhill. 1997. The evolutionary psychology of extra-pair sex: The role of fluctuating asymmetry. *Evolution and Human Behavior* 18: 69–88.

Geertz, C. 1973. *The Interpretation of Cultures*. New York: Basic Books.（『文化の解釈学1，2』吉田禎吾他訳，岩波書店，1987）

Goldfoot, D. A. 1981. Olfaction, sexual behavior, and the pheromone hypothesis in rhesus monkeys: A critique. *American Zoologist* 21: 153–64.

Golding, W. 1954. *Lord of the Flies*. New York: Berkley Publishing Group.（『蠅の王』平井正穂訳，集英社，2009）

Gordon, T. P. 1981. Reproductive behavior in the rhesus monkey: Social and endocrine variables. *American Zoologist* 21: 185–95.

Gordon, T. P., R. M. Rose, and I. S. Bernstein. 1976. Seasonal rhythm in plasma testosterone levels in the rhesus monkey (*Macaca mulatta*): A three-year study. *Hormones and Behavior* 7: 229–43.

Gouzoules, S., H. Gouzoules, and P. Marler. 1984. Rhesus monkey (*Macaca mulatta*) screams: Representational signalling in the recruitment of agonistic aid. *Animal Behaviour* 37: 182–93.

Gust, D. A., T. P. Gordon, W. F. Gergits, N. J. Casna, K. G. Gould, and H. M. McClure. 1996. Male dominance rank and offspring-initiated behaviors were not predictors of paternity in a captive group of pigtail macaques (*Macaca nemestrina*). *Primates* 37: 271–78.

Gygax, L., N. Harley, and H. Kummer. 1997. A matrilineal overthrow with destructive aggression in *Macaca fascicularis*. *Primates* 38: 149–58.

Hamilton, W. D. 1964a. The genetical evolution of social behaviour. I. *Journal* deployment. In *The Macaques: Studies in Ecology, Behavior, and Evolution*, ed. J. E. Fa and D. G. Lindburg, 10–30. New York: Van Nostrand Reinhold.

Drea, C. M., and K. Wallen. 1999. Low-status monkeys "play dumb" when learning in mixed social groups. *Proceedings of the National Academy of Sciences USA* 26: 12965–69.

Dunbar, R. I. M. 1993. Coevolution of neocortical size, group size, and language in humans. *Behavioral and Brain Sciences* 16: 681–94.

———. 1998. *Grooming, Gossip, and the Evolution of Language*. Cambridge, MA: Harvard University Press.（『ことばの起源―猿の毛づくろい、人のゴシップ』松浦俊輔，服部清美訳，青土社，1998）

Durkheim, E. 1895/1962. *The Rules of Sociological Method*. Glencoe, IL: Free Press.（『社会学的方法の規準』宮島喬訳，岩波書店，1978）

Ehardt, C. L., and I. S. Bernstein. 1986. Matrilineal overthrows in rhesus monkey groups. *International Journal of Primatology* 7: 157–81.

Fa, J. E. 1989. The genus Macaca: A review of taxonomy and evolution. *Mammal Reviews* 19: 45–81.

Fa, J. E., and D. G. Lindburg, eds. 1996. *Evolution and Ecology of Macaque Societies*. Cambridge: Cambridge University Press.

Fairbanks, L. A. 1990. Reciprocal benefits of allomothering for female vervet monkeys. *Animal Behaviour* 40: 553–62.

Fernald, A. 1992. Human maternal vocalizations to infants as biologically relevant signals: An evolutionary perspective. In *The Adapted Mind: Evolutionary Psychology and the Generation of Culture*, ed. J. H. Barkow, L. Cosmides, and J. Tooby, 267–88. Oxford: Oxford University Press.

Fooden, J. 1980. Classification and distribution of living macaques (*Macaca* Lacepede, 1799). In *The Macaques: Studies in Ecology, Behavior, and Evolution*, ed. D. G. Lindburg, 1–9. New York: Van Nostrand Reinhold.

Frank, L. G., S. E. Glickman, and P. Licht. 1991. Fatal sibling aggression, precocial development, and androgens in neonatal spotted hyenas. *Science* 252: 702–4.

Freud, S. 2000. *Three Essays on the Theory of Sexuality*. New York: Basic

論—ヒトはなぜ賢くなったか』藤田和生，山下博志，友永雅己監訳，ナカニシヤ出版，2004）

Camperio Ciani, A. 1984. A case of infanticide in a free ranging group of rhesus monkeys (*Macaca mulatta*) in the Jakoo forest, Simla (India). *Primates* 25: 372–77.

Carpenter, C. R. 1942. Sexual behavior of free-ranging rhesus monkeys (*Macaca mulatta*). I. Specimens, procedures, and behavioral characteristics of estrus. *Journal of Comparative Psychology* 33: 113–42.

Chance, M. R. A. 1967. Attention structure as the basis of primate rank orders. *Man* 2: 503–18.

Chapais, B. 1988. Experimental matrilineal inheritance of rank in female Japanese macaques. *Animal Behaviour* 36: 1025–37.

Cheney, D. L., and R. M. Seyfarth. 1990. *How Monkeys See the World: Inside the Mind of Another Species*. Chicago: University of Chicago Press.

———. 2007. *Baboon Metaphysics*. Chicago: University of Chicago Press.

Chepko-Sade, B. D., and D. S. Sade. 1979. Patterns of group splitting within matrilineal kinship groups. *Behavioral Ecology and Sociobiology* 5: 67–86.

Clarke, A. S., and S. Boinski. 1995. Temperament in nonhuman primates. *American Journal of Primatology* 37: 103–25.

Colvin, J. D. 1986. Proximate causes of male emigration at puberty in rhesus monkeys. In *The Cayo Santiago Macaques: History, Behavior, and Biology*, ed. R. G. Rawlins and M. J. Kessler, 131–57. Albany: SUNY Press.

Connolly, B., and R. Anderson. 1987. *First Contact: New Guinea's Highlanders Encounter the Outside World*. New York: Viking Penguin.

Darwin, C. 1872. *The Descent of Man, and Selection in Relation to Sex*. London: Murray.（『世界の名著第39「ダーウィン」』今西錦司編，中央公論社，1967，所収，「人類の起源」池田次郎，伊谷純一郎訳）

Dawkins, R. 1982. *The Extended Phenotype*. San Francisco: Freeman.（『延長された表現型—自然淘汰の単位としての遺伝子』日高敏隆他訳，紀伊国屋書店，1987）

Delson, E. 1980. Fossil macaques, phyletic relationships and a scenario of

Behaviour 129: 177–201.

Bercovitch, F. B. 1997. Reproductive strategies of rhesus macaques. *Primates* 38: 247–63.

Berman, C. M. 2004. Developmental aspects of kin bias in behavior. In *Kinship and Behavior in Primates*, ed. B. Chapais and C. M. Berman, 317–46. Oxford: Oxford University Press.

Berman, C. M., K. L. R. Rasmussen, and S. J. Suomi. 1994. Responses of freeranging rhesus monkeys to a natural form of social separation. I. Parallels with mother-infant separation in captivity. *Child Development* 65: 1028–41.

Bingham, P. M. 1999. Human uniqueness: A general theory. *Quarterly Review of Biology* 74: 133–69.

Birkhead, T. R., and G. A. Parker. 1997. Sperm competition and mating systems. In *Behavioural Ecology: An Evolutionary Approach*, 4th ed., ed. J. R. Krebs and N. B. Davies, 121–45. Oxford: Blackwell.（『進化からみた行動生態学』山岸哲，巌佐庸監訳，蒼樹書房，1994）

Blum, D. 2002. *Love at Goon Park: Harry Harlow and the Science of Affection.* Cambridge, MA: Perseus Publishing.

Boehm, C. 1999. *Hierarchy in the Forest: The Evolution of Egalitarian Behavior.* Cambridge, MA: Harvard University Press.

Brain, C. 1992. Deaths in a desert baboon troop. *International Journal of Primatology* 13: 593–99.

Brewer, M. B. 1999. The psychology of prejudice: Ingroup love or outgroup hate? *Journal of Social Issues* 55: 429–44.

Buchan, J. C., S. C. Alberts, J. B. Silk, and J. Altmann. 2003. True paternal care in a multi-male primate society. *Nature* 425: 179–81.

Burling, R. 1993. Primate calls, human language, and nonverbal communication. *Current Anthropology* 34: 25–53.

Byrne, R., and A. Whiten, eds. 1988. *Machiavellian Intelligence: Social Expertise and the Evolution of Intellect in Monkeys, Apes, and Humans.* Oxford: Oxford University Press.（『マキャベリ的知性と心の理論の進化

参考文献

Abegg, C., and B. Thierry. 2002. Macaque evolution and dispersal in insular south-east Asia. *Biological Journal of the Linnean Society* 75: 555–76.

Adams, D. B., A. Ross Gold, and A. D. Burt. 1978. Rise in female-initiated sexual activity at ovulation and its suppression by oral contraceptives. *New England Journal of Medicine* 299: 1145–50.

Alatalo, R. V., and O. Ratti. 1995. Sexy son hypothesis: Controversial once more. *Trends in Ecology and Evolution* 10: 52–53.

Alexander, G. M., and M. Hines. 2002. Sex differences in response to children's toys in nonhuman primates (*Cercopithecus aethiops sabaeus*). *Evolution and Human Behavior* 23: 467–79.

Alexander, R. D. 1974. The evolution of social behaviour. *Annual Review of Ecology and Systematics* 5: 325–83.

Altmann, J. 1990. Primate males go where the females are. *Animal Behaviour* 39: 193–95.

Aureli, F., R. Cozzolino, C. Cordischi, and S. Scucchi. 1992. Kin-oriented redirection among Japanese macaques: An expression of a revenge system? *Animal Behaviour* 44: 283–91.

Aureli, F., and C. P. van Schaik. 1991. Post-conflict behaviour in long-tailed macaques: I. The social events. *Ethology* 89: 89–100.

Barrett, P. H., P. J. Gautrey, S. Herbert, D. Kohn, and S. Smith, eds. 1987. *Charles Darwin's Notebooks, 1836–1844: Geology, Transmutation of Species, Metaphysical Enquiries*. London: British Museum (Natural History); Cambridge: Cambridge University Press.

Beach, F. A. 1947. Evolutionary changes in the physiological control of mating behavior in mammals. *Psychological Review* 54: 297–315.

Berard, J. D. 1990. Life history patterns of male rhesus macaques on Cayo Santiago. Ph. D. dissertation, University of Oregon.

Berard, J. D., P. Nurnberg, J. T. Epplen, and J. Schmidtke. 1994. Alternative reproductive tactics and reproductive success in male rhesus macaques.

人間の本性を考えるために——訳者解説とあとがきにかえて

どうして人間は男性優位社会としてこれまでの歴史を形成してきたのだろうか。どうして人間は一部の優位者が劣位者の犠牲の上に繁栄を築いてきたのだろうか。オトコ社会にあって女性がつねに性を男性によって一方的に支配されているように見えるのはなぜなのか。私たちの身の回りを見わたしただけでも人間の社会における性と社会の問題についての疑問はどんどん湧き出してくることだろう。人間はホモ・サピエンスという名の動物である。現代の生命科学が教えてくれるところによれば、ホモ・サピエンスとチンパンジーの遺伝子は何と98・7％も一致しており、もっと下等と称せられる他のサルたちとさえ遺伝子の大半を共有しているのである。にもかかわらず私たちはけっしてチンパンジーと同一の存在ではないし、ましてやその他のサルたちと同じような原理で行動しているなどとは、少なくとも読者は考えたくもないに違いない。なぜなら私たちは文字通りサピエンス、理性ある存在であるはずなのだから。しかしマエストリピエリ氏は私たちの行動のあるものは明らかにアカゲザルの行動を支配しているものと同一の原理で生起していると主張する。その原理を支えるものこそがマキャベリ主義なのだ。マキャベリ主義というのはニッコロ・マキャベリ（1469‐1525）が彼の主著である『君主論』で展開した政治論であり統治論であり、きわめて人間臭い支配論であるが、マエストリピエリ氏はその権謀術数のあり方を身びいき主義（えこひいき）と優位者による専制主義としての世渡りのあり方として描くことで、人間社会における社会の姿とアカゲザル社会におけるそれとを重ね合わせて説明することに成功した。

本書はイタリア人霊長類行動学者 Dario Maestripieri氏の著作 *Macachiavellian Intelligence : How Rhesus Macaques and Human Have Conquered the World* の全訳である。彼は現在シカゴ大学の比較人間発達学、進化生物学、神経生物学の教室に籍を置く教授であり、長年にわたって霊長類の行動や心理、社会構造の研究を基にした鋭い人間洞察を学界に投げかけてきている。本書は彼の人間発達観がもっともよく表現されている著作であるが、この書を著した背景には彼がイタリア人として辿った人生と研究者生活におけるさまざまな経験が凝縮されている。人間社会は一様ではない。その事例を彼の育ったイタリアの学界その他での出世のプロセスを例にあげながら、血縁やその他の社会的なつながりあるいは組織（結社）が、ひとつの親族の生活上の知恵と彼らの人生に及ぼす影響を論じ、それはまさにあの動物園でギャーギャーさわぎながらけんかに明け暮れるアカゲザルの持つ戦術と同様の権謀術数なのだと教えてくれる。しかし本書で説かれていることはサルの行動についての単なる擬人主義的理解でも人間の愚かさの揶揄でもない。私たち人間が日常の生活の中でほとんど無意識にしているコミュニケーションや子育てや教育や労働といった社会的な活動の全体を捉え、いやそれどころか家族との対話やちょっと子どもにはいえないような夫婦間の営みや道徳家が顔を赤らめフェミニストが糾弾の狼煙を上げかねないような行きずりの性行為に対する解釈にまでも話は及ぶ。かとおもえば、家系（一族郎党）を大きくして集団（アカゲザルの場合には群れ）の中での社会的な階層を上昇させたりするような、あたかも人間が政治をするような行為の連続とその結果としての社会変動をアカゲザルの行動原理から解き明かしていくのである。もちろんだからといって政治家がみんなサル程度の知的活動として政治をおこなっているというわけではない（最近の日本を見ているとそんな気もしないわけではないですが：訳者独白）。

そもそも私たちのように道徳と倫理観に満ち（本当なのか？）、文明社会を謳歌している理性的な人間ホモ・サピエンスとアジア原産のアカゲザルという私たちとは縁もゆかりもなさそうな動物とを比べるなどということに、いったいどんな意味があるというのだろうか。マエストリピエリ氏が強調するのはアカゲザルの環境適応の大きさである。もともとアジアに広く生息しているアカゲザルはその自然分布においても300種を越える現生霊長類の中で飛びぬけて分布域が大きく広いだけでなく、その生息環境も熱帯林から乾燥地帯、果ては冬期に雪に覆われるようなヒマラヤから中国にかけての急峻な山地まで多岐にわたっており、生態学的に見ても適応の幅の広さには驚かされるものである。さらにこのサルは古くから人間との関係で重要な役割を果たしてきた。原産国のインドや東南アジアでは宗教による護持を受けてとくに都市部などでも人間に対しても自由奔放に暮らしていたし、それは現在でも同様である。20世紀以降はこのサルの繁殖力と人間臭いしぐさに注目した科学者たちによって医学実験動物としての需要が高まり、原産地アジアからヨーロッパ、アメリカ、果てはカリブ海にまで輸送されて実験に供されて現在に至っている。その拠点のひとつに本書の舞台ともなったカヨ・サンチャゴ島がある。

カヨ・サンチャゴ島はカリブ海の北部プエルト・リコの本島にくっつくように浮かぶ小島である。1938年にC・R・カーペンター博士の手によってインドから連れてこられたアカゲザルが放飼されて以降、この地のサルたちは故郷を遠く離れた灼熱の異国の地で生き続け、繁殖し、いくつかの集団（群れ）に分かれてアカゲザルらしく暮らしている。その後はカリブ霊長類研究センターの野外研究拠点としてプエルト・リコ大学、米国国立衛生研究所やその他の支援の下でアカゲザルの野外研究と実験用繁殖そしてさまざまな心理・行動学的な調査などに供されて現在に至っている。霊長類学発祥の地のひとつである日本では研究拠点としてのカヨ・サンチャゴ島の知名度はそう高くはない。というのはアジア産のアカゲザルを見るためにわざわざカリブ海へ飛ぶほどには日本の研究費は潤沢でないし、そもそも人間の餌に依存しているサルなど野生種の生態観察には値しないという固定観念もあった。さらに言えばニホンザルの研究の初期においてマカク属のサルの社会学的な研究は日本がずっとリードしてきたという自負もあって、いまさら近縁のアカゲザルを見ることに科学的関心を持ちにくかったということもあっただろう。正直言って私も1976年から現在までの中南米における20度に及ぶ新世界ザル調査の旅程に一度もこの地を考慮しては来なかった。日本人霊長類研究者でこの地を訪れたことが記録として明らかなのは私の知る限り水原洋城氏だけではないか。彼は若くしてスタンフォードの行動科学研究センターに滞在中の1963年に当時のカヨ・サンチャゴ島の研究責任者であったカール・B・コフォード博士の招待を受けて短期間同地を訪問している。その要点は彼の著書『サルの国の歴史』

（創元社、１９７１）に詳しいが、そこで彼はアカゲザルの印象を「ニホンザルの親類のくせに、どこか無表情で他人行儀で、もうひとつ親しみが湧かないサル」と述べている。この感想は餌づけされたニホンザルの観察をもっぱらしていた水原氏が別府近郊の高崎山で数百頭ものニホンザルの一頭一頭にその身体特徴やしぐさをもとにニックネームをつけて、あたかも人間と対話するかのようにサルたちの動き、しぐさ、相互関係を記述していたという経歴とは無関係でなかっただろう。このやり方は日本独特のもので共感法とも呼ばれて霊長類学初期のサル社会の原理解明の重要な方法でもあったのだが、それは悪しき意味での擬人主義的解釈をもたくさん生み出していった。霊長類学いやサル学はその風変わりな学問スタイルでマスコミや一般の人々の関心を集めたが、それを客観的な科学的方法に高める努力が日本では少々不足していたようであった。いずれにしても日本の研究者たちにとって、カヨ・サンチャゴ島はすでに過去の世界だと思っていたのである。しかしその間にたくさんの若い研究者がアメリカから、そして世界中からこの小さな島にやってきていた。たとえばハーバード大学の認知進化研究室はここで学生実習と基礎的研究を１９８０年代から続けているのである。

やや脱線が過ぎた。本書に戻ろう。

本書は「アカゲザルが人間とどんな共通点を持つのかについて書かれて」いるし、実際にサルの行動や社会的な交渉についての記録とその科学的な解釈について述べられているのではあるけれど、その目的とするところは著者が言うように「人間について書かれた本」なのである。このことは先のニホンザル研究での過ちとも関係するのだけれども、ひとつ間違えばサルの行動を都合よく擬人的に解釈したあげくに、だから人間はサル的だ（もしくはその逆）という結論を導き出しかねない。著者の誤解を恐れない書き方には訳者もまた「ここまで大胆に言い切っても良いのか」という疑問を持ちつつ訳稿を進めていたのであるが、あるところでその疑問は払拭された。性行為と集団の維持との関係において彼は「メスは性行為を安定しておこなうために群れにいるのではなく、群れにいるために性行為をおこなうのだ」と理解した。このような理解から言えば性は取引なのである。性に限らずアカゲザルはオスもメスもさまざまな社会的行為を取引としておこなっている。それは自分自身の生存価（サバイバル・バリュー）を高めるためのコストの支払いであり、自分自身の遺伝子を適切に、そして可能な限りたくさん次世代に伝えるための投資である。彼はこれをかつて進化生態学者のトリヴァースが主張した負担と利益のバランスにもとづく投資理論として理解している。動物の行動とりわけ親が子どもに対して行う行動を経済活動のように表現することに慣れていない読者には、マエストリピエリ氏の表現はいささか的外れで不道徳に聞こえるかもしれない。さらに女性の性に関する行動様式に与えた彼の解釈にはフェミニストならずとも非難の声を上げるかもしれない。しかし考えて欲しいのは、本書で最終的に著者が言いたいことは「人間はサル並みだ」ということではなくて「人間はこのような生物学的背景（本性）を持っていたがゆえに今の繁栄があるのであり、それはアカゲザルのしたたかな適応性とも共通している」ということなのである。

本書に登場するアカゲザルの具体的な社会関係や社会的交渉あるいはコミュニケーションのあり方は、すでに１９５０年代から日本の研究者がニホンザルで明らかにしてきたことをたくさん含んでいる。たとえばひとつのメス家系の中で姉妹のうち下の娘のほうが年長の娘よりも優劣順位が上になるといったことは、末子優位の原則としてよく知られている。しかし日本の研究者がそれらを順位制とカルチュアの問題として論じておしまいにしてしまったのに対して、マエストリピエリ氏は母親にとっての投資の問題、子どもにとっての権謀術数の問題と置きなおして再構築している。そこからこの本の独特の面白さが出てくるのであり、サル間のやり取りを進化を背景にした世代間の関係として読み直すことも可能にしてくれるのである。それは霊長類の生活を単なる生活史研究から進化的研究へ、つまり個体発生を見て系統発生を論じるような姿勢へと転換させてくれたのだともいえるだろう。だからこそ、アカゲザルの研究が人間の本性を考える材料になり得るのである。

アカゲザルは自らが集団の中で生き延びることを目指して闘っている。闘いの相手は他の種の動物であり、同種の他の集団であり、同じ集団内の非血縁の他個体であり、あるいは血縁者であり、母親や兄弟姉妹であり、そして自分以外のすべてのサルである。このように考えるとすべての個体は孤独で頼りない存在のように見える。しかし実際にはどうか。アカゲザルはこのような闘いをうまく安全に、換言すれば経済的に合うように振る舞っているのである。長い歴史の末に、その結果の集大成として、現在のアカゲザル社会における行動ひとつひとつが存在している。そしてそのような振る舞い方を彼らは遺伝的に受け継ぎ、さらに成長にともなう学習によって身につけて、取引あるいは権謀術数としての社会的交渉に臨んでいるのである。そういう点は人間も同様であろう。もうひとつ大切なことがある。それはアカゲザル社会を安定的に構成する上で重要なのはメスの存在とメス同士の関係であるということだ。この点では人間は少し違う。人間はチンパンジーのようなオスの結合が社会的な基盤となっている祖先種から進化してきたようだ。しかし、だからといって女性が男性によって支配される存在であり続けるなどとはマエストリピエリ氏は考えない。将来の進化史の中で女性が自らの生き方を選択し、そのことを通してメス優位の生物種になるだろうというのだ。その道は本書の中に示されている。

〔著者〕ダリオ・マエストリピエリ　1964年、ローマに生まれる。ケンブリッジ大学客員研究員、ヤーキス国立霊長類研究センター共同研究員等を経て、現在、シカゴ大学比較人間発達学、進化生物学、神経生物学教室の教授。編著『Primate Psychology』（ハーヴァード大学出版局）他。Distinguished Scientific Award for Early Career Contributions to Psychology ほか多数を受賞。

〔訳者〕木村光伸（きむら・こうしん）　1949年、京都市に生まれる。京都大学農学部林学科卒業。財団法人日本モンキーセンター研修員を経て、現在、名古屋学院大学教授。著書『人類史の構図』（晃洋書房）『動物行動の意味』（共著、東海大学出版会）『総合人間学1　人間はどこにいくのか』（共著、学文社）他

マキャベリアンのサル

2010年7月25日　第1刷発行

著者　ダリオ・マエストリピエリ

訳者　木村光伸

発行者　辻一三

発行所　株式会社青灯社

東京都新宿区新宿1－4－13

郵便番号160-0022

電話03-5368-6923（編集）

03-5368-6550（販売）

URL http://www.seitosha-p.co.jp

振替　00120-8-260856

印刷・製本　株式会社シナノ

ISBN978-4-86228-043-5 C0045

小社ロゴは、田中恭吉「ろうそく」（和歌山県立近代美術館所蔵）をもとに、菊地信義氏が作成